Heinrich Petersen

W0298769

Die Bügelfalte

Die Baureihe E 10 der Deutschen Bundesbahn

LOK-LEGENDEN

trans press

Einbandgestaltung: Dos Luis Santos

Foto: M. Dahlbeck

Bildnachweis:
Die zur Illustration dieses Buches verwendeten Aufnahmen stammen – wenn nichts anderes vermerkt ist – vom Verfasser.

ISBN 978-3-613-71430-4

1. Auflage 2012

Sie finden uns im Internet unter www.transpress.de

Lektor: Hartmut Lange
Innengestaltung: Jürgen Knopf
Repro: Medien und Printprodukte, 74321 Bietigheim
Druck- und Bindung: Agentur Dalvit, 85521 Ottobrunn
Printed in Italy

Am Abend des 31. Mai 1982 wartet 112 269 mit dem D 881 in Hamburg-Altona auf Ausfahrt. *Foto: M. Dahlbeck*

Vorwort

Eine E 10 vor einem Güterzug ist eher ein seltenes Bild. Am 23. Mai 1965 musste E 10 328 für eine Güterzuglokomotive einspringen und passiert mit einem langen Zug den Block Neuland in Hamburg-Harburg. *Foto: P. Pekney (Slg. VFS)*

Zwischen 1960 und 1970 beherrschten die dunkelblauen Elloks der Baureihe E 10 unangefochten den Schnellzugverkehr auf den elektrifizierten Strecken der Deutschen Bundesbahn.
Der vorliegende Band beleuchtet Geschichte, Technik und Einsatz dieser Baureihe von den Prototypen bis zu den wenigen Loks, die heute noch in Betrieb sind. Zahlreiche Aufnahmen zeigen die Maschinen in typischen Einsätzen aber auch vor besonderen Zügen in ganz Deutschland. Ein Statistikteil mit den wichtigsten Daten rundet das Buch ab. Die Anfänge der Baureihe E 10 liegen in den frühen 1950er-Jahren. Schon damals hatte die DB mit der Entwicklung einer neuen elektrischen Lokomotive begonnen. Sie war Ausgangspunkt für eine ganze Fahrzeugfamilie, die langfristig den Dampfbetrieb ablösen sollte. Zunächst wurden fünf Prototypen mit unterschiedlichen mechanischen und elektrischen Komponenten abgeliefert. E 10 001 bis E 10 005 durchliefen zahlreiche Untersuchungen,

die in vier Baureihen mündeten: E 10 für den Schnellzugdienst, E 40 für den Personenzug- und leichten Güterzugdienst, E 41 für den leichten Güterzugdienst sowie E 50 für den schweren Güterzugdienst.
1957 begann die Lieferung der Serien-E 10, die im März 1969 mit 110 510 endete. Das Einsatzgebiet der Loks erweiterte sich mit fortschreitender Elektrifizierungen stetig vom Süden Deutschlands bis nach Flensburg. Durch die Vereinigung beider deutscher Staaten kamen die E 10 auch auf den Gleisen der Deutschen Reichsbahn in der ehemaligen DDR zum Einsatz.
Wegen der langen Fertigungszeit blieben Änderungen an den Loks nicht aus. So bekamen ab der 1960 gebauten E 10 216 die neuen Maschinen Doppellampen mit getrenntem Weiß- und Rotlicht. Zuvor waren die Schlusslampen in das Gehäuse der weißen Lichter integriert gewesen. Die Lüftergitter mit ihren waagerechten Lamellen wurden durch Mehrfach-Düsenlüftergitter mit senkrechten Lamellen ersetzt. Die auffälligsten Unterschiede der ab 1962 gebauten »Rheingold«-Loks zu den Vorgängern bestanden im neu gestalteten windschnittigeren Lokomotivkasten und der blau/creme-farbenen Lackierung. Ein durchgehendes Lüfterband verlieh den so genannten »Bügelfalten«-Loks ein dynamischeres Aussehen. Neben der Aerodynamik sollte diese Form auch den Wiedererkennungswert der E 10 als Lok für den hochwertigen Reisezugdienst steigern. Später behielt man diese Form bei und beschaffte nur noch die »Bügelfalten«-Variante.
1963 entstanden mit den E 10 299 und E 10 300 zwei besondere Loks: Sie wurden als Erprobungsträger für die 200 km/h schnelle E 03 herangezogen. Bei Testfahrten zwischen Bamberg und Forchheim erreichte E 10 300 am 22. Mai 1963 als erste Lokomotive der Deutschen Bundesbahn die Höchstgeschwindigkeit von 200 km/h.
Mit der Beschaffung der Baureihen 103 begann der Stern der Baureihen 110 und 112, wie die Loks seit 1968 hießen, zu sinken. Viele hochwertige Leistungen wurden nun von den schnellen Sechsachsern erbracht. Mit der Einführung des InterCity-Systems Ende der 1970er-Jahre folgte ein weiterer Einschnitt im Betriebsdienst. Zur gleichen Zeit begann die Beschaffung der Nachfolge-Baureihe 111, die die Baureihe 110 weiter verdrängte.
Mitte der 1980er-Jahre hatte sich der Zustand der Loks wegen ihres Alters so weit verschlechtert, dass die Höchstgeschwindigkeit einzelner Loks auf 140 km/h oder gar 120 km/h verringert werden musste. Erst durch einen groß angelegten Drehgestelltausch mit Loks der Baureihe 140 konnten die langsamen Loks der Baureihe 110 wieder mit ihrer ursprünglichen Höchstgeschwindigkeit eingesetzt werden. Dafür wurden allerdings Loks der Baureihe 110, die Drehgestelle der Baureihe 140 bekamen, in die Baureihe 139 umgebaut.
Durch die Umstellung des hochwertigen Schnellverkehrs auf den ICE und die Baureihe 101 verlor die Baureihe 110 weitere Leistungen im hochwertigen Dienst. Sie wanderte mehr und mehr in den Regional- und Nahverkehr ab, für den einige Loks mit einer Wendezugsteuerung ausgerüstet wurden. Doch auch hier tauchte jüngere Konkurrenz auf. Mit den Loks der Baureihe 143 und der neuen Baureihe 146 kamen zahlreiche leistungsfähige Maschinen zu DB Regio, die die Baureihe 110 problemlos ersetzen konnten. Zudem stehen heute für den Regionalverkehr die E-Triebwagen der Baureihe 425 bereit.
Ab 2005 kamen dreißig E 10 von DB Regio zu DB AutoZug. Diese Loks sind auch heute noch als Baureihe 115 vor hochwertigen InterCity- und Nachtzügen anzutreffen und locken so manchen Eisenbahnfreund an die Strecke.
An dieser Stelle möchte ich mich bei zahlreichen Eisenbahnfreunden bedanken, die mir ihre Archive öffneten. Sie stellten mir so viele sehenswerte Aufnahmen zur Verfügung, dass sich die Auswahl als sehr schwierig herausstellte und zu meinem Bedauern viele gute Bilder keinen Platz mehr in diesem Buch fanden.

Heinrich Petersen

Inhalt

1.

Entwicklung der Baureihe E 10

E 10 231 gehört zur zweiten Bauserie mit zwei getrennten, kleinen Stirnlampen und Düsen-Lüftergittern mit senkrechten Lamellen. Im Jahr 1965 wartet sie zwischen E 10 333 und E 17 111 vor dem Schuppen des Bw Stuttgart auf einen neuen Einsatz. *Foto: J. Krantz*

Mit 53 Maschinen bildeten die Loks der Baureihe E 18 vor dem Zweiten Weltkrieg das Rückgrat im Schnellzugdienst auf elektrifizierten Strecken. Die Maschinen hatten vier im Rahmen gelagerte Radsätze mit Federtopfantrieb. Die Aufnahme zeigt die der Nachwelt erhaltene Museumslok E 18 047 am 30. September 2006 im ehemaligen Betriebswerk Berlin-Schöneweide. Foto: M. Dahlbeck

Die Loks der Baureihe E 44 sind »die« Maschinen für den mittelschweren Personenzug- und Güterzugdienst. Mit ihren beiden zweiachsigen Drehgestellen waren sie ein Vorläufer der Baureihe E 10. Auch die Museumslok E 44 108 wurde am 30. September 2006 in Berlin-Schöneweide gezeigt. Foto: M. Dahlbeck

1.1 Gesucht: Neue Loks

Schon vor dem Beginn des Zweiten Weltkriegs beschäftigte sich die Deutsche Reichsbahn mit einer Nachfolgerin für die bewährte Mehrzweck-Ellok der Baureihe E 44. Sie sollte mit 2.500 kW stärker und mit einer Höchstgeschwindigkeit von 110 km/h auch schneller als die E 44 sein. Dann wurden jedoch die Baureihen E 44 und E 94 als kriegswichtig eingestuft und als Kriegs-Elloks KEL 1 und KEL 2 in großen Stückzahlen gebaut. Das Projekt E 46 wurde vorerst nicht weiter verfolgt.

Nach dem Ende des Zweiten Weltkriegs war Deutschlands Eisenbahnnetz in weiten Teilen schwer beschädigt oder zerstört. Die vier Besatzungsmächte hatten zunächst eigene Pläne für das weitere Schicksal des Landes. Bei der Eisenbahn mussten Trümmer beseitigt und notdürftige Reparaturen ausgeführt werden, damit der Zugverkehr allmählich wieder in Gang kam. Alles verfügbare Rollmaterial wurde eingesetzt, um möglichst viele Züge verkehren zu lassen. Die Hauptlast der Traktion lag natürlich bei den Dampflokomotiven. Die noch vorhandenen betriebsbereiten Schnelltriebwagen und hochwertigen Reisezugwagen der Vorkriegszeit waren den alliierten Besatzungsmächten vorbehalten, die sie zu eigenen Sonderzwecken nutzen. Der öffentliche Verkehr musste mit unkomfortableren Fahrzeugen abgewickelt werden.

Im Mai 1945 ging es aber schon wieder elektrisch von München nach Garmisch-Partenkirchen und im Juni 1945 durchgehend von München nach Stuttgart bzw. Kornwestheim. 1946 nahm die Bahn mit dem L 11/12 Nord-Express zwischen Paris und Berlin wieder eine gehobene Fernzugverbindung in ihren Fahrplan auf. Kurz darauf richtete sie unter der Bezeichnung FD 191/192 eine Verbindung zwischen Hannover und Kopenhagen ein, mit der die FD-Züge wieder eingeführt wurden.

1948 fasste man den Entschluss, die Strecke Nürnberg – Regensburg zu elektrifizieren. 1950 fiel die Entscheidung, weitere 6.000 Streckenkilometer mit Fahrdraht zu überspannen. Den Engpass bei den elektrischen Lokomotiven überwand man zunächst durch den Nachbau bewährter Baureihen. So kamen bis 1955 Maschinen der Baureihen E 18, E 44 und E 94 zur DB. Neben fabrikneuen Loks handelte es sich auch um Maschinen, die im Tausch gegen Dampflok-Ersatzteile von der Deutschen Reichsbahn der DDR zur Deutschen Bundesbahn gelangten.

Die fünf Vorserien E 10 wurden von unterschiedlichen Lokfabriken mit unterschiedlichen Antrieben und Elektrik ausgestattet. Auch Äußerlich unterschieden sich die Loks stark voneinander. So hat E 10 002 wie die weiteren Prototypen im Gegensatz zur E 10 001 drei Stirnfenster. Foto: Dr. B. Domagalski

Werkaufnahme der von Henschel und SSW gebauten E 10 003. Die Lok bekam wie alle E 10 ein schwarzes Fahrwerk und einen blauen Lokkasten. Zusätzlich trug sie einen hellen Absetzstreifen in der Mitte des Kastens. Foto: Slg. M. Dahlbeck

1.2 Aus der E 46 wird die E 10

Es war aber abzusehen, dass sich die Lücken mit den Vorkriegsbaureihen auf Dauer nicht schließen ließen. Vor allem für Schnellzüge mit hohen Geschwindigkeiten konnten diese Baureihen nicht überzeugen. Die E 44 war nicht für höhere Geschwindigkeiten ausgelegt und die E 18 war mit ihrem starren Fahrwerk mit Federtopfantrieb und den beiden Laufachsen nicht mehr auf dem Stand der Zeit.

Man griff deshalb den Entwurf der E 46 wieder auf und aktualisierte ihn. Schon während der Planungen entschied die DB, eine Höchstgeschwindigkeit von 130 km/h zu fordern und die Maschinen als Schnellzugloks einzuordnen. Dies hatte die Umzeichnung in die Baureihe E 10 zur Folge.
Bei den Vorgaben für die Ausschreibung ließ die DB viele Details offen, damit verschiedene Lokfabriken unterschiedliche Entwürfe liefern konnten. Die Bahn forderte aber eine vierachsige Dreh-

E 10 004 und nachträgliche bestellte E 10 005 waren baugleich. Während eine Lok zu Untersuchungen genutzt wurde, sollten mit der anderen erste Erfahrungen im Plandienst gesammelt werden. Foto: Slg. M. Dahlbeck

E 10 107 gehört zur ersten Bauserie und kam 1957 mit altem Kastenaufbau und Einzellampen zur DB. Nach einem schweren Unfall wurde die Lok Mitte der 1970er-Jahre mit einem »Bügelfalten«-Kasten neu aufgebaut. Foto: Slg. M. Dahlbeck

E 10 001 war der Urahn aller »Einheits-Elloks« der Baureihen E 10, E 40 E 41 und E 50 von denen die Deutsche Bundesbahn bis 1973 zusammen knapp 2.000 Exemplare beschaffte. *Foto: Slg. M. Dahlbeck*

gestelllok, die unter anderem 700 t schwere Schnellzüge auf einer Steigung von 10 Promille mit einer Geschwindigkeit von 90 km/h befördern sollte. Für 900 t schwere Güterzüge waren bei der gleichen Steigung immerhin noch 60 km/h vorgesehen. Neu war die Vorgabe, dass der durchgehende Brückenrahmen Zug- und Stoßkräfte übertragen musste. Damit verließ man die bei der E 44 genutzte Konstruktion, bei der die beiden Drehgestelle durch eine Kupplung verbunden sind, sodass die Kräfte über die Drehgestelle übertragen werden und der Brückenrahmen dabei unbelastet bleibt.

1949 bekamen die Lokomotivfabriken Henschel in Kassel, Jung in Jungenthal, Krupp in Essen, Krauss-Maffei in München und die Maschinenfabrik Esslingen den Auftrag, Prototypen für die Baureihe E 10 zu entwickeln. Die Ausarbeitung der elektrischen Ausrüstung ging an die AEG in Berlin, BBC in Mannheim und SSW in Berlin. Die Entwürfe mussten bis Mitte April 1950 beim Eisenbahn-Zentralamt (EZA) eingereicht werden.

Ursprünglich waren nur vier Prototypen vorgesehen, für die im November 1950 der Auftrag erteilt wurde: Krauss-Maffei und AEG lieferten die E 10 001 mit Niederspannungssteuerung und Alsthom-Gelenkstangenantrieb. Die E 10 002 mit Hochspannungssteuerung und BBC-Scheibenantrieb kam von Krupp und BBC. Die E 10 003 mit Niederspannungssteuerung und SSW-Gummiringfederantrieb stammte von Henschel und SSW. Für die E 10 004 mit Hochspannungssteuerung und Sécheron-Lamellenantrieb zeichneten Henschel und BBC/AEG verantwortlich. Alle Loks hatten eine SSW-Vielfachsteuerung für Doppeltraktionen und den Einsatz vor Wendezügen. Schon einen Monat nach dieser Bestellung orderte die Bahn eine der E 10 004 baugleiche Maschine, die E 10 005. Sie sollte direkt im Plandienst eingesetzt werden, während die übrigen vier Loks für Tests und Erprobungen vorgesehen waren.

Die Industrie lieferte zwischen August 1952 (E 10 001) und März 1953 (E 10 005) die fünf Prototypen. Sie bekamen zwischen Dezember 1952 (E 10 003) und September 1953 (E 10 004) ihre Zulassung von der Deutschen Bundesbahn.

Für die »Rheingold«- und »Rheinpfeil«-Loks wählte die DB ein elegantes Äußeres mit windschnittigem Lokkasten, Frontverkleidung und Lüfterband. Später wurde dieses Design auch für die »normalen« E 10 übernommen (E 10 1310, Nürnberg Hbf, 1. Mai 1964). *Foto: O. Blaschke*

E 10 251 gehörte zu den Loks die ersatzweise vor dem »Rheinpfeil« einspringen mussten. Dazu bekam sie einen zweifarbigen Anstrich und wurde für eine Höchstgeschwindigkeit von 160 km/h zugelassen. Am 26. Mai 1963 steht sie abfahrbereit in Bebra. *Foto: O. Blaschke*

1.3 Die Einheits-Elloks

Schon bevor die DB die Vorserien-E 10 bestellte, zeichnete sich ab, dass auf Grund neuer Streckenelektrifizierungen und der Ablösung bzw. Verstärkung des alten Ellok-Bestands auch Lokomotiven für den Personen- und Güterzugdienst benötigt wurden. Deshalb wurde ein entsprechendes Typenprogramm erarbeitet. Das 1954 verabschiedete Programm umfasste vier Baureihen, die auf den fünf Vorserien-E 10 basierten. Neben der Schnellzuglok E 10 wurde eine Güterzuglok für Flachlandstrecken, die E 40 entwickelt. Für leichte Züge war die E 41 vorgesehen und für schwere Züge auf steigungsreichen Strecken hatte man die sechsachsige E 50 im Programm. Unter der Baureihenbezeichnung E 01 hätte eine sechsachsige Schnellzuglok mit einer Höchstgeschwindigkeit von 160 km/h bis 180 km/h entstehen sollen. Dieses Projekt ließ man aber zunächst wieder fallen. Es war nämlich vorgesehen selbst wichtige Strecken nur für eine Höchstgeschwindigkeit von 140 km/h auszubauen, die auch mit den Dieselloks der Baureihe V 200 und den Dampfloks der

Die geschmückte E 10 438 steht abfahrbereit mit einem Sonderzug in Essen. Sie gehört zu den »normalen« E 10 mit blauem »Bügelfalten«-Kasten. *Foto: Eisenbahnstiftung*

Baureihe 01.10 erreicht werden konnte. Von einer ursprünglich vorgesehenen zwei- bzw. dreiachsigen elektrischen Rangierlok nahmen die Planer ebenfalls wieder Abstand.

Die Bauformen von E 10, E 40, E 41 und E 50 unterscheiden sich in erster Linie durch die Drehgestelle – die E 50 ist sechsachsig, alle anderen Baureihen vierachsig –, die Kastenlänge und die Getriebe. Ansonsten legte man großen Wert auf möglichst gleiche Bauteile und Baugruppen, um Kosten für die Entwicklung, den Bau und die Lagerhaltung zu sparen. Außerdem mussten sich die Lokführer wegen des einheitlichen Führerstands nicht umgewöhnen, wenn sie zwischen den Baureihen hin- und herwechselten.

Die Baureihen E 10 und E 40 sind mit Ausnahme der Getriebeübersetzung und der Bremse nahezu baugleich. Für die Konstruktion dieser beiden Baureihen waren Krauss-Maffei und SSW verantwortlich. Der Auftrag für die E 41 ging an Henschel und BBC, die E 50 wurde an Krupp und AEG vergeben.

Äußerlich unterscheiden sich die Serienloks deutlich von den Prototypen. So entschied man sich wie bei der E 10 001 für zwei große Frontfenster statt der drei Kleineren bei den anderen Prototypen. Bei der E 10 und der E 40 sind die seitlichen Lüfter symmetrisch zum mittigen Seitenfenster angeordnet.

Neben 110 107 wurde auch 110 271 nach einem Umfall mit dem neuen Kasten aufgebaut. Beide Loks bekamen, wie auch 110 343 und 110 360 eine abnehmbare Verschleißpufferbohle, die bei Beschädigungen schneller getauscht werden konnte. *Foto: Slg. M. Dahlbeck*

Der erste Auftrag für die Beschaffung der Einheits-Elloks ging im Sommer 1954 an Henschel, Krupp, AEG und BBC. Die DB bestellte Loks der Baureihen E 41 und E 50. Dabei wurden die E 50 001 bis E 50 025 noch mit einfachem Tatzlager-Antrieb geliefert. Ab der E 50 026 kam der in allen Einheits-Elloks verwendete SSW-Gummiringfederantrieb zum Einbau.
Im Oktober desselben Jahres wurde dann der Auftrag über die ersten 31 Lokomotiven der Baureihe E 10 vergeben, der bald auf 69 Lokomotiven aufgestockt wurde. Zu den ersten Lieferanten gehörten Krauss-Maffei in München, Krupp in Essen, Henschel in Kassel, SSW in Berlin, AEG in Berlin und BBC in Mannheim. Mit dem immer größer werdenden elektrifizierten Streckennetz stieg der Bedarf an den hier vorgestellten Schnellzugloks, sodass die DB weitere Bauserien orderte. Am 10. März 1969 stellte die Bahn dann mit der 110 509 ihre letzte 110 – wie die Loks seit Anfang 1968 hießen – in Dienst.
Damit war der Bedarf an Schnellzugloks im Geschwindigkeitsbereich bis 150 km/h zwar noch immer nicht gedeckt, die Konstruktion der 110 war aber inzwischen fast 25 Jahre alt und entsprach trotz zahlreicher Verbesserungen nicht mehr dem Stand der Zeit. Die DB beschloss deshalb, auf der Grundlage der 110 eine neue Baureihe entwickeln zu lassen. Wichtige Neuerungen waren die Drehgestelle, die Inneneinrichtung der Führerhäuser und des Maschinenraums sowie die direkte Zuführung der Kühlluft zu den elektrischen Ausrüstungen. Im Januar 1975 trat mit 111 001 die erste Nachfolgerin der 110 ihren Dienst an.

1.4 Für hohes Tempo: Die »Bügelfalte« entsteht

Technische Entwicklungen während der langen Bauzeit und die ersten Erfahrungen mit bereits eingesetzten E 10 führten zu zahlreichen Veränderungen während und nach der Lieferung der Loks.
Die Maschinen E 10 101 bis E 10 215 wurden in der ursprünglich geplanten Ausführung abgeliefert. Sie hatten drei große Stirnlampen. Die roten Zugschlusssignale waren bei ihnen in die beiden unteren Stirnlampen integriert. Sie ließen sich vom Führerstand aus schalten, so dass das Personal nicht mehr wie bisher, rote Abblendgläser vor die weißen Lampen stecken oder klappen musste.
Die Lüftergitter waren in die Seitenwände eingelassen, hatten abgerundete Ecken und waagerechte Lamellen. Unter den Stirnfenstern war eine durchgehende Griffstange montiert. An der Farbtrennung zwischen Kasten und Rahmen verlief ein durchgehender Auftritt. Eine Dachrinne trennte das silberfarbene Dach vom blauen Kasten.

111 001 präsentiert sich als Nachfolgerin der E 10: Als erste Baureihe der DB wurde die Baureihe 111 in der neuen Farbgebung Ozeanblau/Beige ausgeliefert. Foto: Slg Koppisch, Archiv transpress

Bei den E 10 216 bis E 10 287 wurden die unteren Einzellampen durch Doppellampen ersetzt. Die weißen Spitzenlichter (unten) und die roten Schlusslichter (oben) hatten nun getrennte Reflektoren.
Die Lüfter mit den waagerechten Lamellen wurden durch Mehrfach-Düsenlüftergitter mit senkrechten Lamellen ersetzt. Bei ihnen sind die Lamellen in Doppelreihen hintereinander angeordnet. Ablenkbleche verhindern das Eindringen von Schmutz und Wasser in den Maschinenraum. Hinter den Lüftern sind Filter montiert, die den feinen Staub aufnehmen.
Während der Beschaffung dieser Maschinen stellte die DB 1962 den neuen »Rheingold« auf die Schiene, der an die Tradition des legendären Schnellzuges aus der Vorkriegszeit anknüpfen sollte. Deshalb beschaffte sie für den neuen Prestige-Zug neue, klimatisierte Reisezugwagen, die an Komfort und Bequemlichkeit alle bisherigen DB-Wagen überboten. Für diesen Zug benötigte die DB eine 160 km/h schnelle Ellok. Die Wahl fiel auf die E 10, aus der eine Variante für höhere Geschwindigkeiten abgeleitet werden sollte. Weil bis zur Einführung des Zugs die neue Loktype nicht fertig gestellt werden konnte, wurden die Loks E 10 239 bis 244 aus der laufenden Serie herausgenommen und durch Änderungen an den Getrieben für 160 km/h ertüchtigt. Die Loks bekamen die Nummern

E 10 1239 bis E 10 1244 und den zweifarbigen, blau/cremefarbenen Anstrich der Rheingold-Wagen.
Zwischen Oktober 1962 und März 1963 wurden dann die für den Rheingold vorgesehenen E 10 1265 bis E 10 1270 geliefert. Äußerlich unterschieden sie sich durch ihren neuen, windschnittigen Lokkasten von den Vorgängerinnen. Der senkrechte Knick in der Mitte des Führerstands brachte den Loks später den Namen »Bügelfalten«-E 10 ein. Aber nicht nur die Bügelfalte, sondern auch geschlossene Frontschürzen, die die Puffer mit einschlossen, ein durchgehendes Lüfterband und natürlich die zweifarbige Lackierung machten die Lok zu einer der elegantesten Erscheinungen bei der DB. Nach der Ablieferung dieser Maschinen wurden die E 10 1239 bis E 10 1244 wieder in 150 km/h schnelle Maschinen zurückgebaut und bekamen das blaue Farbkleid der Serienloks.
Mit der Umstellung des Fernschnellzuges »Rheinpfeil« auf die neuen, komfortablen Rheingold-Wagen fehlten 1963 erneut schnelle Zugloks. Diesmal wurden die E 10 250 bis E 10 254 für 160 km/h umgebaut und neu lackiert. Die Loknummern blieben diesmal aber unverändert. Zwischen Oktober 1963 und Februar 1964 lösten die Bügelfalten-Loks E 10 1308 bis E 10 1312 die »Kasten«-E 10 ab. Diese wurden wieder zurückgebaut und blau lackiert. Die am 11. November 1963 von der DB abgenommene E 10 1309 war die 1.000. Neubau-Ellok.

1.5 Die Bügelfalte ersetzt das Kastendesign

Nach den Erfahrungen mit den ersten Bügelfalten-E 10 entschied sich die DB, diese Kastenform auch für die langsamere Version der E 10 zu verwenden. Deshalb wurden alle Loks ab der E 10 288 in dieser Ausführung geliefert, allerdings mit blauem Kasten.
Im Betrieb zeigte sich, dass es hinter den Regenrinnen verstärkt zu Rostbildung kam, weil sich hier öfter Wasser sammelte und nicht abfloss. Deshalb erhielten die Loks ab der E 10 477 statt einer durchlaufenden Dachrinne nur noch kurze Gummiprofile, die über den Stirnfenstern und den Türen aufgeklebt wurden. Das Dach erhielt nun wie der Lokkasten eine blaue Lackierung. Die Dachaufbauten blieben weiterhin silberfarben bzw. grau. Klebeziffern und -buchstaben ersetzten die gegossenen Lokschilder, nur die DB-Embleme wurden zunächst weiterhin als Gussschilder angebracht. Diese Änderungen erleichterten einerseits die Reinigung der Loks, andererseits ließ aber vom Dach herablaufendes Wasser die Loks schneller verschmutzen und verursachte ein oft ungepflegtes Aussehen. Um die Reinigung noch weiter zu vereinfachen, wurden später auch die Guss-Embleme durch Aufkleber ersetzt. Diese Maßnahmen betrafen

An 110 125 wurde eine neue Lüfter-Bauart, Vorläufer der Klatte-Lüfter, getestet. Am 13. März 1984 steht sie abfahrbereit in Karlsruhe Hbf. Foto: M. Dahlbeck

Mit den vier Baureihen der Einheitselloks gelang der Deutschen Bundesbahn ein großer Wurf. Die Maschinen lösten unzählige Dampfloks und Altbauelloks ab. 1965 treffen sich E 10 211, E 17 105 und E 41 212 im Bahnbetriebswerk Stuttgart. Foto: Jürgen Krantz

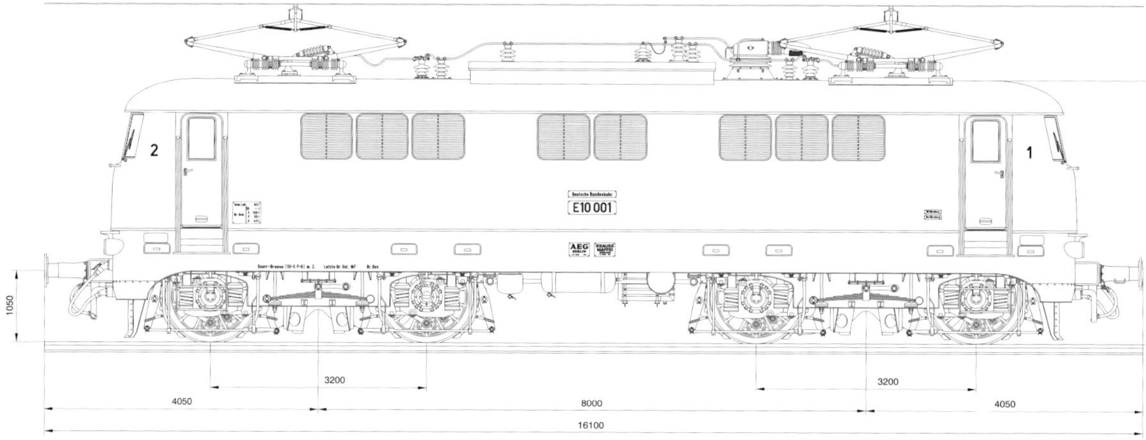

Seitensicht der E 10 001 der DB. Sie war der Urahn aller DB-Einheitselloks, von denen knapp 2.000 Lokomotiven in vier Baureihen gefertigt wurden.
Zeichnung: Gernot Bahr

auch die Loks, die bereits im Einsatz waren. So gab es immer weniger Loks mit Dachrinne und Gussschildern.

Weitere Besonderheiten betrafen die Bügelfalten-Loks 110 343 und 110 360. Sie wurden beim Beheben von Unfallschäden versuchsweise mit abnehmbaren Verschleißpufferbohlen ausgestattet, die bei Beschädigungen schneller getauscht werden konnten. Diese Maßnahme konnte sich aber nicht durchsetzen und es wurden keine weiteren E 10 damit ausgerüstet. 110 107 und 110 271 wurden bei Bränden in den Jahren 1973 und 1974 sehr stark beschädigt. Weil die DB aber nicht auf die Loks verzichten konnte, entschloss sie sich zu einem Wiederaufbau. Dabei bekamen die Loks Kästen mit Bügelfalte und ebenfalls Verschleißpufferbohlen.

Andere Kasten-E 10 wurden nach weniger schweren Schäden in ihrer ursprünglichen Form wieder aufgebaut. Allerdings verwendete man beim Aufbau der Frontpartien die Ausführung mit zwei getrennten Lampen. So gab es Loks aus der Serie bis zur E 10 215 mit Doppellampen an nur einer oder an beiden Stirnseiten.

Anfang der 1970er-Jahre begann die Bundesbahn damit, Frontschürzen und Pufferverkleidungen der Bügelfalten-Loks zu entfernen. Das hatte einen einfachen Grund: Im Winter setzte sich Schnee und Eis hinter den Schürzen ab. Zudem waren sie bei der Wartung hinderlich und verursachten in den Werkstätten zusätzliche Kosten. Allerdings verloren die Loks ohne die Schürzen und Pufferverkleidungen viel von ihrem eleganten Aussehen.

Bei den zuletzt gelieferten Bügelfalten-Loks wurde das durchgehende Lüfterband aufgegeben und durch einzelne Lüfter mit schmalem oberen und unteren Rand ersetzt. Die Lüfter waren allerdings so lang, dass sie aneinander stießen und so den Eindruck eines Lüfterbands vermittelten. Ab 1973 wurden dann bei allen Loks die alten Lüftergitter mit runden Ecken und die Lüfterbänder durch so genannte Klatte-Lüfter ersetzt, die von außen montiert sind. Erhielten die Bügelfalten-Loks anfangs noch lange Klatte-Lüfter, die ein Band vortäuschten, wurden später nur noch kurze Lüfter verwendet. Im Zuge des Lüftertauschs bekamen auch Bügelfalten-110 ein Fenster in der Mitte der Lüfterreihe. Bei den Kasten-E 10 wurden nach und nach die zweiteiligen Schiebefenster gegen einteilige, nicht zu öffnende Maschinenraumfenster ausgetauscht.

Eine weitere Veränderung des Äußeren brachte der Austausch der alten Griffstangen und Auftritte gegen Haltegriffe und Auftritte nach UIC-Vorgaben mit sich. Allerdings gab es Loks, bei denen die alten Griffe und Tritte ganz oder nur teilweise erhalten blieben und die neuen zusätzlich angebaut wurden. So waren auch hier, wie bei allen Umbaumaßnahmen zahllose Zwischenausführungen und Kombinationen zu finden, die hier aus Platzgründen nicht alle erfasst werden konnten.

E 10 1309 im Jahr 1965 im Münchener Hauptbahnhof: Die Lokomotiven der Baureihe E 10^{12} waren u.a. für den TEE »Rheingold« vorgesehen. Sie bekamen neben einer geänderten Getriebeübersetzung für eine Höchstgeschwindigkeit von 160 km/h auch den attraktiven zweifarbigen Anstrich dieses Luxuszugs. Foto: Jürgen Krantz

Eine Sonderstellung nahm die 110 335 ein. Sie war die einzige 110 mit zusätzlich nachgerüsteten Scheinwerfern neben den normalen unteren Stirnlampen. Außerdem wurde ein beweglicher Scheinwerfer hinter den Frontscheiben montiert. Während sich der Scheinwerfer auf dem Führerstand nicht bewährte, wurde der Versuch mit den unteren Scheinwerfern ausgeweitet und zahlreiche Loks anderer Baureihen wurden damit nachgerüstet. Außer den äußerlich sichtbaren Umbauten gab es auch im Innern der Loks zahlreiche Veränderungen. Sie werden im Kapitel über die konstruktive Merkmalen beschrieben.

Mit EDV-Nummer präsentiert sich die von Henschel und SSW gelieferte Vorserienlok E 10 003 Anfang der 1970er-Jahre. Foto: Slg Koppisch, Archiv transpress

2.

Die Technik der E 10

Die folgende Beschreibung der technischen Details beschränkt sich im Allgemeinen auf die Serienloks der E 10. Dort, wo die Unterschiede zu den Serienloks größer sind, werden die Vorserienmaschinen berücksichtigt.

2.1 Mechanischer Teil

2.1.1 Drehgestelle

Die vierachsigen Lokomotiven der Baureihe E 10 laufen auf nicht miteinander gekuppelten Drehgestellen mit je zwei angetriebenen Radsätzen. Der geschweißte Drehgestellrahmen setzt sich aus zwei Lang- und drei Querträgern zusammen. Die Hohlkörper-Konstruktion mit ihren Trägern aus kastenförmig zusammengeschweißten Blechen bietet bei geringem Gewicht einen hohen Widerstand gegen Verwindungen. Auf dem mittleren Querträger liegt das Drehzapfenlager auf. Um den Abstand zwischen der Schienenoberkante und dem Drehzapfenlager und damit das Drehmoment im Drehgestell beim Anfahren möglichst gering zu halten, ist der Träger nach unten gekröpft. Durch den tief angeordneten Drehzapfen verringert sich so die Entlastung des vorn laufenden Treibradsatzes. Der Drehzapfen wird je nach Bauart des Drehzapfenlagers durch Schrauben- oder durch Gummiringfedern in die Mittellage zurück gestellt.
Der Brückenrahmen liegt auf Gleiteinrichtungen, die neben den Drehzapfen außen am Drehgestellrahmen angeordnet sind. Drei ineinander gestellte Schraubenfedern und eine Gummischeibenfeder auf einer Konsole verbinden den Brückenrahmen mit dem Drehgestellrahmen. Teleskop-Stoßdämpfer vermindern Schaukel-Bewegungen des Aufbaus. Die Gleiteinrichtung liegt im Ölbad des Federgehäuses. Sie besteht aus einer am Brückenrahmen befestigten Stahl-Gleitplatte, einer Drucklinse aus Bronze und einer Druckpfanne. Staubschutzbleche sollen das Eindringen von Schmutz zwischen die Gleitflächen aus gehärtetem Stahl verhindern. Das Federgehäuse am Drehgestell läuft in einer Führung aus Manganstahlplatten. Einlagen zwischen dem Auflager des Drehgestells und der Doppelschraubenfeder ermöglichen das Einstellen des Pufferstands.

Weil die Laufeigenschaften der Drehgestelle besonders im hohen Geschwindigkeitsbereich nicht überzeugten, ließ die DB neue Drehgestelle entwickeln. 1960 lieferten Krauss-Maffei und Henschel je zwei Versuchsdrehgestelle ab. Die Henschel-Drehgestelle kamen unter die E 10 184, die von Krauss-Maffei unter die E 10 218. Ein von Krupp unter der E 10 170 erprobtes Drehgestell konnte die Erwartungen nicht erfüllen. 1962 beschaffte die DB die ersten Loks der Unterbaureihe E 10^{12} mit dem Drehgestell von Henschel, das nach den Test vorn lag.
Auch bei dieser Bauart besteht der Drehgestellrahmen aus zwei kastenförmigen Langträgern und drei ebenfalls kastenförmigen Querträgern, mit einem tief nach unten gezogen mittleren Querträger. Über diesem Querträger ist für die Kastenabstützung ein wiegenähnlicher Zwischenträger eingebaut. Dessen Auflager gleiten in einem Ölbad. Die Drehzapfen liegen über Gummifedern in den Drehzapfenlagern. Der Brückenrahmen stützt sich über Gleitplatten auf die wiegenähnlichen Zwischenträger ab, die an beiden Enden auf außen am Drehgestellrahmen nebeneinander liegenden Schraubenfedern ruhen. Die Flexicoilwirkung dieser Federn erlaubt eine Verschiebung der Brückenlagerung um 20 mm in Querrichtung nach links und rechts. Außerdem übernehmen die Schraubenfedern das Rückstellen der Brückenabstützung.
Bei beiden Drehgestellbauarten der E 10 werden die Radsätze nahezu spielfrei im Drehgestellrahmen geführt. Sie laufen in zweireihigen Pendelrollenlagern, deren Führungszapfen oben im Drehgestellrahmen und unten im Achsgabelsteg in zylindrischen Buchsen gleiten. Gummibuchsen dämpfen Stoßkräfte auf die Rollenlager. Labyrinth-Abdichtungen schließen die in einem Ölbad laufenden Achslagerführungen staubdicht ab. Die Gummifedern neben den Achslagergehäusen sind über einen Ausgleichhebel miteinander verbunden, der sich in der Mitte am Achslagergehäuse abstützt. Der Raddruck und der Pufferstand können mit Spannschrauben eingestellt werden.
Die Schleuderschutzeinrichtung soll ein Durchdrehen der Räder beim Beschleunigen der Lokomotiven. Wird der Kipptaster »Schleuderschutz« im Führerpult betätigt, strömt Druckluft in die Bremszylinder, sodass die schleudernden Radsätze abgebremst werden. Ein Druckwächter verhindert das Ansteigen des Bremszylinderdrucks über 1,25 kg/cm². Haften die Räder wieder

Abb. links: Bei den ersten Loks der Baureihe E 10^{12} verzichtete man noch auf die Griffe und Trittleisten an den Stirnseiten, was den Loks ein sehr glattes Aussehen verlieh. *Foto: Slg. Claus-Jürgen Jacobson*

110 101 — 110 264
110 271 — 110 297
140
139

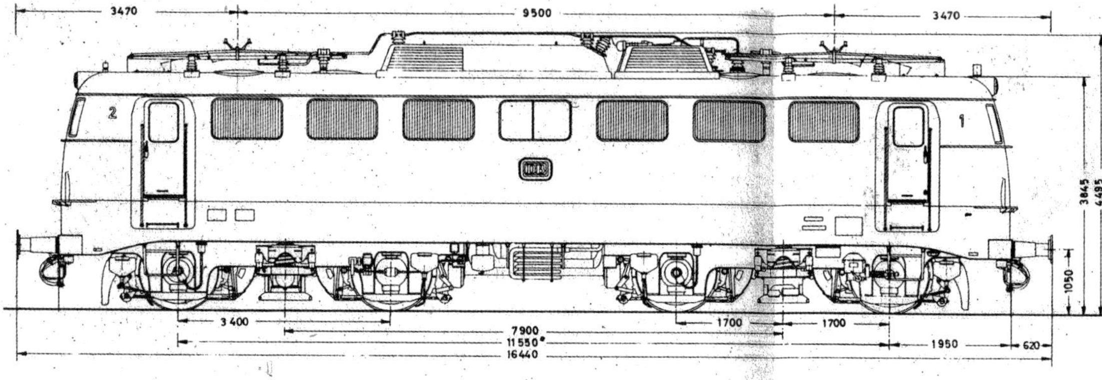

110 288 — 110 307
110 313 — 110 484
110 505 — 110 510
112 485 — 112 504

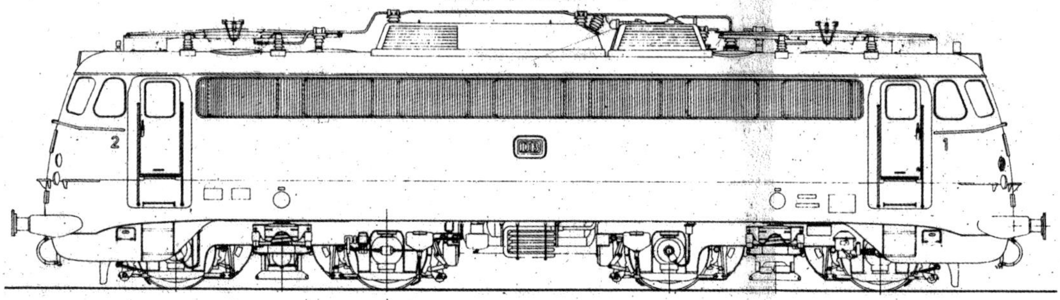

Lokomotiven mit Drehgestellen
Bauart Henschel

112 265 — 112 270
112 308 — 112 312

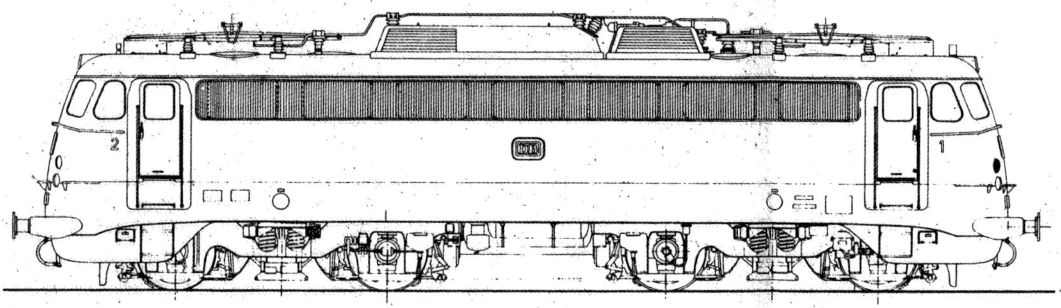

auf den Schienen, kann der Triebfahrzeugführer den Kipptaster loslassen. Die Bremszylinder werden entlüftet und die Bremse gelöst.
Zusätzlich lässt sich der Haftreibungswert zwischen Rad und Schiene mit der Sandstreueinrichtung verbessern. Dies vereinfacht das Anfahren unter schwierigen Bedingungen wie z. B. in Steigungen, Gleisbögen oder bei nassen und glatten Schienen. Der Sand wird in Kästen mitgeführt, die am Drehgestellrahmen montierten sind. Elektrisch gesteuerte, mit Druckluft betriebene Sandstreudüsen blasen ihn bei Bedarf zwischen Radreifen und Schiene. Auch die Sandstreueinrichtung wird über einen Kippschalter im Führerpult gesteuert. Der Fahrzeugführer kann entscheiden, ob er alle Radsätze kurz oder nur der in Fahrtrichtung voraus laufende Radsatz dauernd gesandet wird. Bei einer Not- oder Zwangsbremsung tritt die Sandstreueinrichtung ebenfalls in Aktion.
Um den Verschleiß der Spurkränze zu verringern, haben die Lokomotiven eine Spurkranzschmiereinrichtung. Eine mechanisch angetriebene oder eine elektrisch gesteuerte, druckluftbetätigte Fettpresse drückt frostbeständiges Fett in die Spritzdüsen, die es mit Druckluft auf die Spurkränze des voraus laufenden Radsatzes spritzen.

2.1.2 Antrieb

Die Antriebe der Vorserienloks unterscheiden sich deutlich voneinander. Die E 10 001 fuhr mit dem Gelenkstangenantrieb von Alsthom. Die E 10 002 bekam den Scheibenantrieb von BBC. Die E 10 003 und auch die vorher schon für eine Höchstgeschwindigkeit von 120 km/h umgebaute E 44 038 hatten den Gummiringfederantrieb von SSW, der später für die Serienloks gewählt wurde. Die E 10 004 und die E 10 005 verfügten über den Lamellenantrieb von Sécheron.
Beim Gelenkstangenantrieb erfolgt die Kraftübertragung von den Fahrmotoren zu den Radsätzen über ein Gelenkviereck, das aus vier Lenkerstangen und der Lenkerstütze besteht – der so ge-

Seiten- und Stirnansichten der E 10. Oben: »Kasten«-E 10, Mitte: »Bügelfalten«-E 10 mit normalen Drehgestellen, Unten: »Bügelfalten«-E 10^{12} mit Henschel-Schnellfahrdrehgestellen.
Abbildung: Slg. M. Dahlbeck

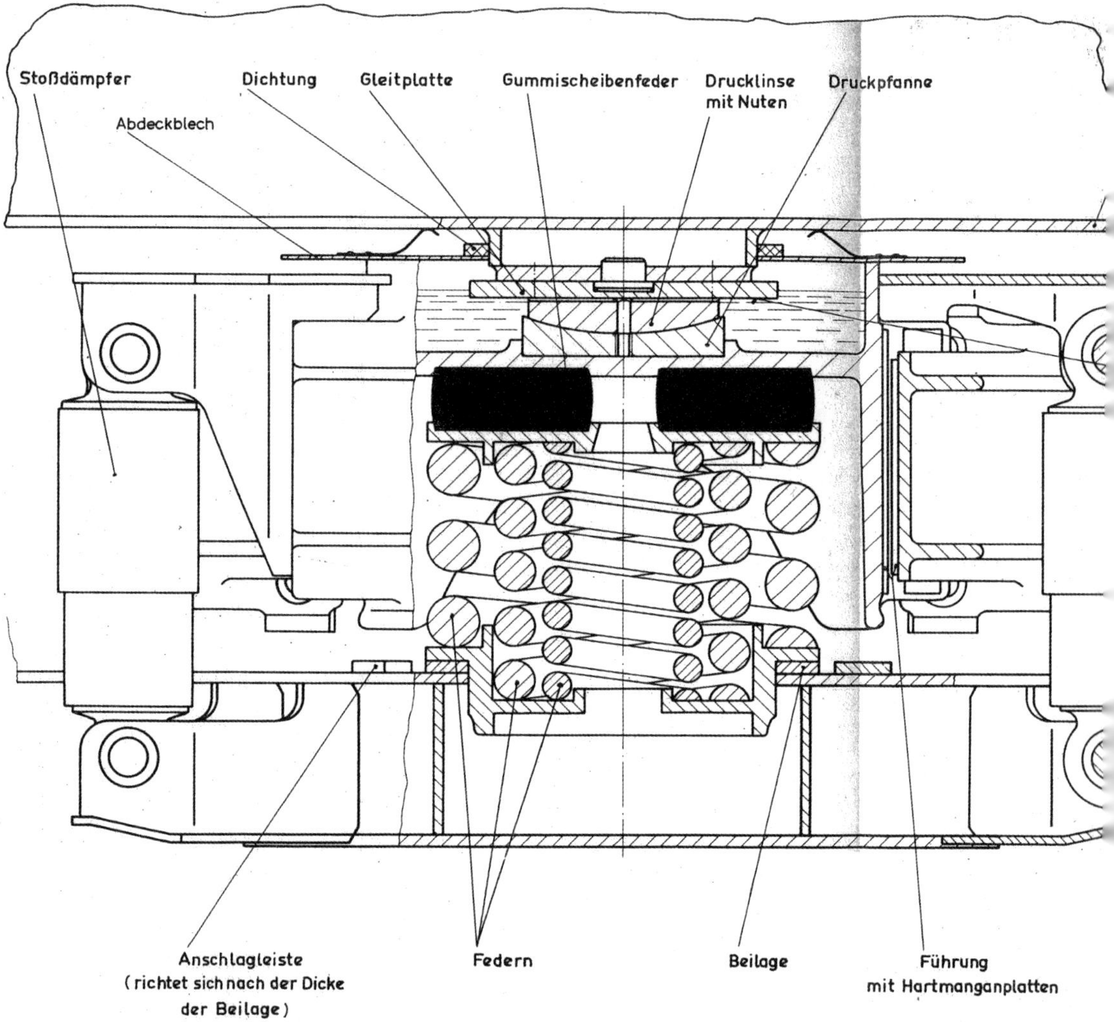
Stoßdämpfer
Abdeckblech
Dichtung
Gleitplatte
Gummischeibenfeder
Drucklinse
mit Nuten
Druckpfanne
Anschlagleiste
(richtet sich nach der Dicke
der Beilage)
Federn
Beilage
Führung
mit Hartmanganplatten

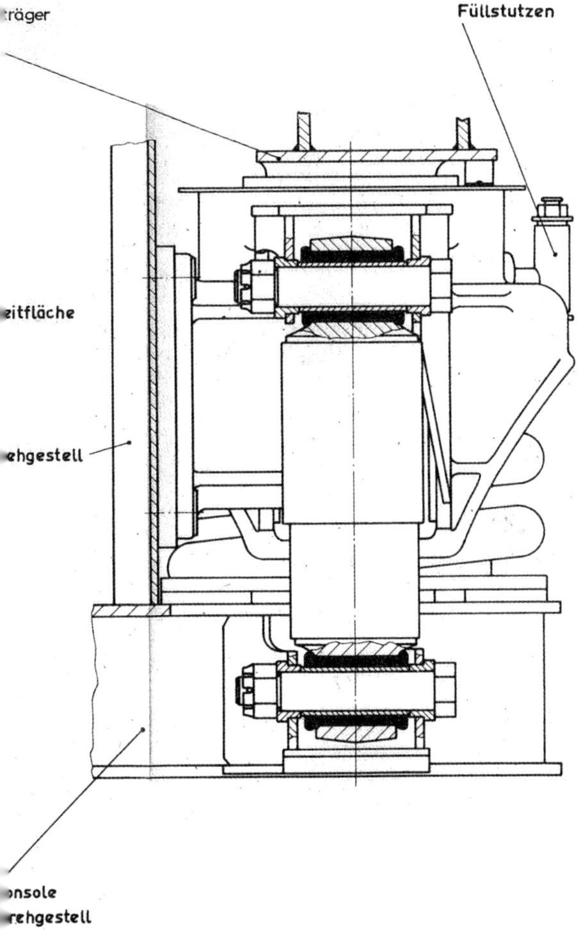

nannte »Tanzende Ring«. An einem Ende greifen die Stangen über Zapfen an den Großrädern der Motoren an, am anderen Ende sind sie mit Zapfen an den Radsternen verbunden. Der Antrieb wirkt auf beide Radsterne eines Radsatzes.
Für den Scheibenantrieb von BBC wurde der in Kraftfahrzeugen verwendete Kardanantrieb mit zwei elastischen Scheiben weiterentwickelt. Die Bewegungen zwischen den fest im Drehgestell montierten Fahrmotoren und den beweglichen Radsätzen werden über die elastische Verformung der Kupplungsscheiben aufgenommen. Aus Platzgründen wurde die Kardanwelle bei den Loks durch den als Hohlkörper ausgeführten Läufer geführt. Die beiden Kupplungsscheiben befinden sich rechts und links des Motors. Der Scheibenantrieb wirkt nur einseitig auf einen Radsatz.

Der Lamellenantrieb von Sécheron entspricht weitgehend dem Scheibenantrieb von BBC. Allerdings hatte er Lamellen statt der Kupplungsscheiben.
Beim Gummiringfederantrieb wird das Drehmoment der Großräder über Ausleger und Gummisegmente auf Ringe übertragen, die an den Radkörper angegossen sind. Die Fahrmotoren sind auf einer Seite über Gummischubfedern im Drehgestellrahmen aufgehängt. Auf der anderen Seite stützen sie sich mit dem Hohlwellengehäuse über die Hohlwellenlager auf die Hohlwelle ab. So ruht das Gewicht des Fahrmotors je zur Hälfte über Gummischubfedern auf dem Drehgestell und über die Gummiringfeder auf der Treibachse. Die Hohlwelle umschließt die Treibachse und trägt an beiden Enden die Großradkörper mit angeschraubten schräg verzahnten Stirn-Zahnkränzen, die in die Motorritzel eingreifen. An jedem Großrad sind sechs Ausleger montiert. Sie ragen zwischen den Speichen hindurch bis an die Außenseiten der Treibräder. Jedes der sechs Gummisegmente einer Gummiringfeder besteht aus einem Außen- und einem Innensegment. Ausleger und Gummiringfeder übertragen das Drehmoment des Motors auf die Treibachse und zentrieren zugleich die Hohlwelle federnd um die Treibachse. Die Drehelastizität der Gummielemente dämpft die Zugkraftstöße beim Weiterschalten von

Querschnitt durch die seitliche Abstützung des Lokkastens auf die Drehgestelle.
Abbildung: Slg. M. Dahlbeck

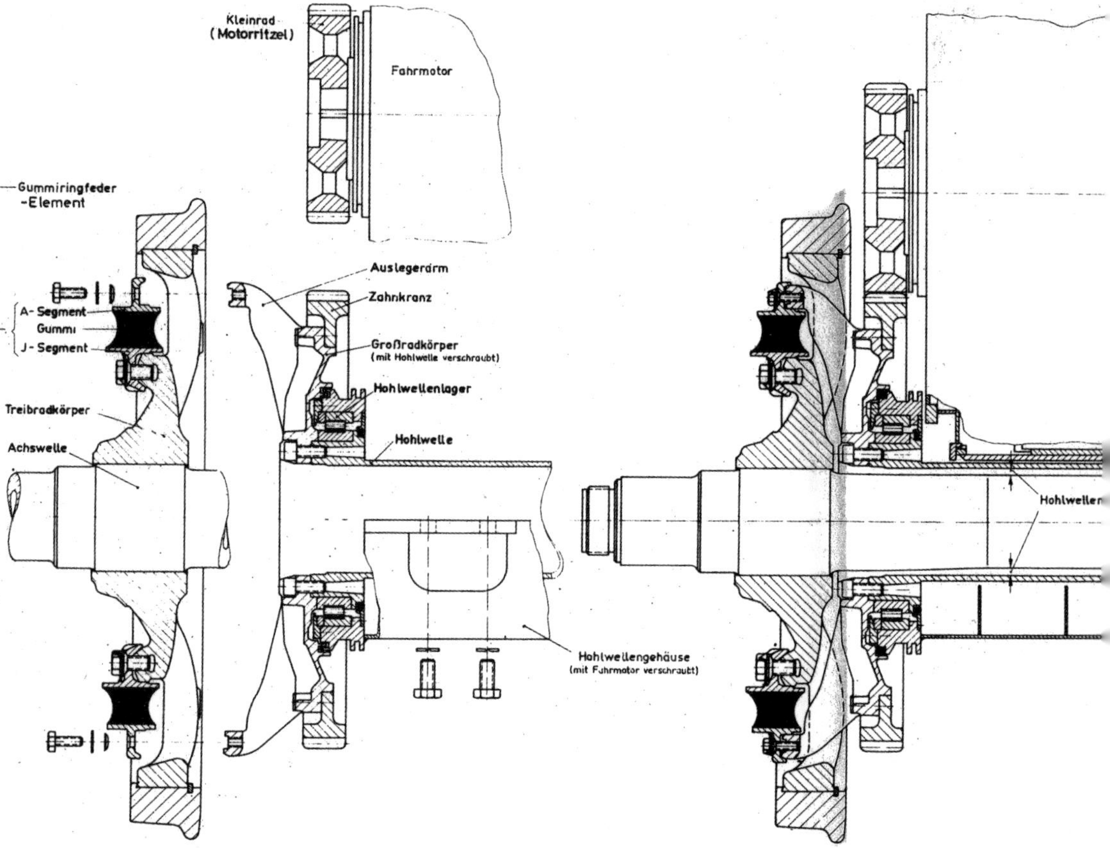
Kleinrad
(Motorritzel)
Fahrmotor
Gummiringfeder
-Element
A-Segment
Gummi
J-Segment
Treibradkörper
Achswelle
Auslegerarm
Zahnkranz
Großradkörper
(mit Hohlwelle verschraubt)
Hohlwellenlager
Hohlwelle
Hohlwellengehäuse
(mit Fahrmotor verschraubt)
Hohlwellen

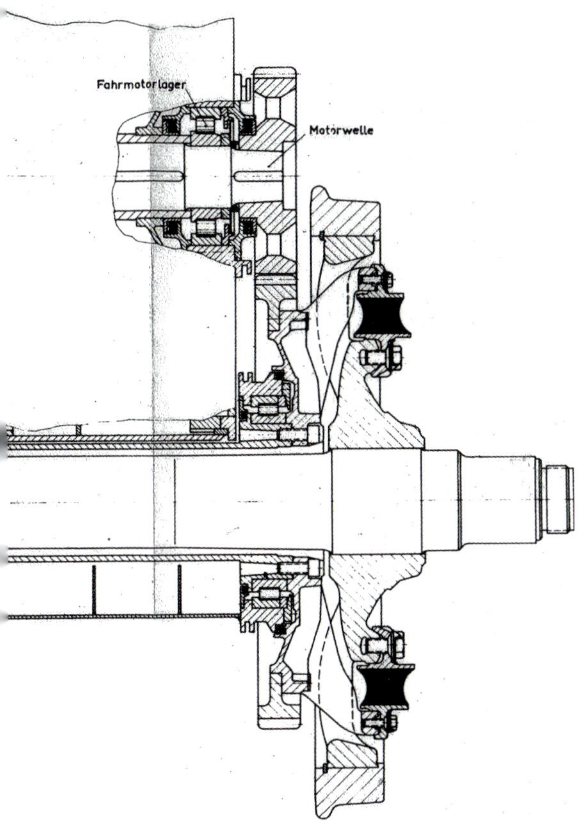

Stufe zu Stufe und ermöglicht so eine gute Ausnutzung der Haftwertgrenze. Durch seine Konstruktion fallen die Stoßbeanspruchungen auf den Motor wesentlich geringer aus als bei anderen Antriebsformen.
Bei Geschwindigkeiten von über 160 km/h bewährte sich der Gummiringfederantrieb von SSW aber nicht. Die für Schnellfahrten vorgesehenen E 10 299 und E 10 300 bekamen deshalb andere Antriebe. Beim Verzweigerantrieb, der für die E 10 299 gewählt wurde, haben die Fahrmotoren an beiden Seiten Motorritzel. In diese Ritzel greifen die Großzahnräder auf den Hohlwellen. Die Großzahnradräder übertragen ihr Drehmoment über zwei Gelenkzapfen in den Ausschnitten der Treibradscheibe und zwei Lenker auf den sogenannten »tanzenden Ring«. Von hier wird das Antriebsmoment über zwei weitere Lenker an zwei Stahlringe weitergegeben, die über Gummielemente kraftschlüssig mit dem Radsatz verbunden sind.
Der Gummiring-Kardanantrieb von SSW, mit dem die E 10 300 ausgestattet wurde, hat nur ein einseitiges Zahnradgetriebe. Auch hier wird das Moment über ein Motorritzel auf das am Hohlwellengehäuse montierte Getriebegroßrad übertragen und von dort über sechs Gelenkzapfen und Lenker an den sechsarmigen Flansch einer Kardan-Hohlwelle weitergeleitet. Von hier gelangt es über einen Armstern auf das Treibrad.

2.1.3 Druckluftanlage und Bremse

Die Druckluftanlage besteht aus einem einstufigen Einzylinder-Hilfsluftpresser, der von einem Gleichstrom-Motor angetrieben wird. Bei ungenügendem Druck im Hauptluftbehälter kann er das Aufrüsten der Lokomotive unterstützen. Allerdings soll zum Aufrüsten bevorzugt der Sonderluftbehälter verwendet werden. Dessen Inhalt reicht im Normalfall aus, um bei zu geringem Hauptluftbehälterdruck einen Stromabnehmer anzuheben und den Hauptschalter einzuschalten.
Der Hauptluftpresser Bauart VV 224 oder W 450/150 liefert Druckluft für die Druckluftbremse und für sonstige mit Druckluft betriebene Einrichtungen. Der Hauptluftpresser wird von einem Einphasen-Wechselstrom-Kommutatormotor über ein Stirnrad-

Querschnitt durch den Gummiring-Federantrieb der Serien E 10.
Abbildung: Slg. M. Dahlbeck

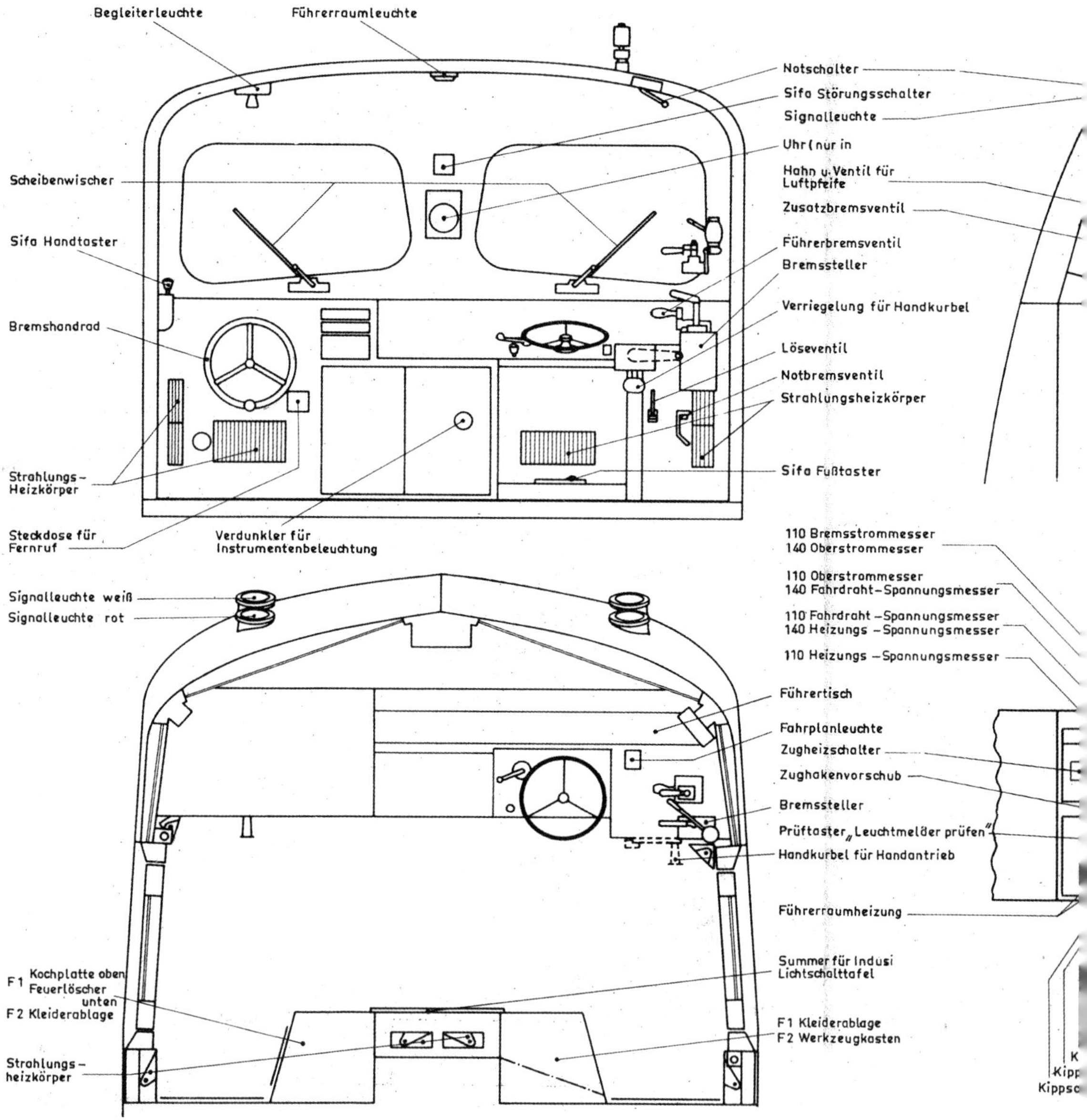
Begleiterleuchte
Führerraumleuchte
Notschalter
Sifa Störungsschalter
Signalleuchte
Uhr (nur in
Hahn u. Ventil für Luftpfeife
Zusatzbremsventil
Scheibenwischer
Sifa Handtaster
Führerbremsventil
Bremssteller
Verriegelung für Handkurbel
Bremshandrad
Löseventil
Notbremsventil
Strahlungsheizkörper
Strahlungs-Heizkörper
Sifa Fußtaster
Steckdose für Fernruf
Verdunkler für Instrumentenbeleuchtung
110 Bremsstrommesser
140 Oberstrommesser
110 Oberstrommesser
140 Fahrdraht-Spannungsmesser
110 Fahrdraht-Spannungsmesser
140 Heizungs-Spannungsmesser
110 Heizungs-Spannungsmesser
Signalleuchte weiß
Signalleuchte rot
Führertisch
Fahrplanleuchte
Zugheizschalter
Zughakenvorschub
Bremssteller
Prüftaster „Leuchtmelder prüfen"
Handkurbel für Handantrieb
Führerraumheizung
F 1 Kochplatte oben
Feuerlöscher unten
F 2 Kleiderablage
Summer für Indusi
Lichtschalttafel
F 1 Kleiderablage
F 2 Werkzeugkasten
Strahlungs-heizkörper

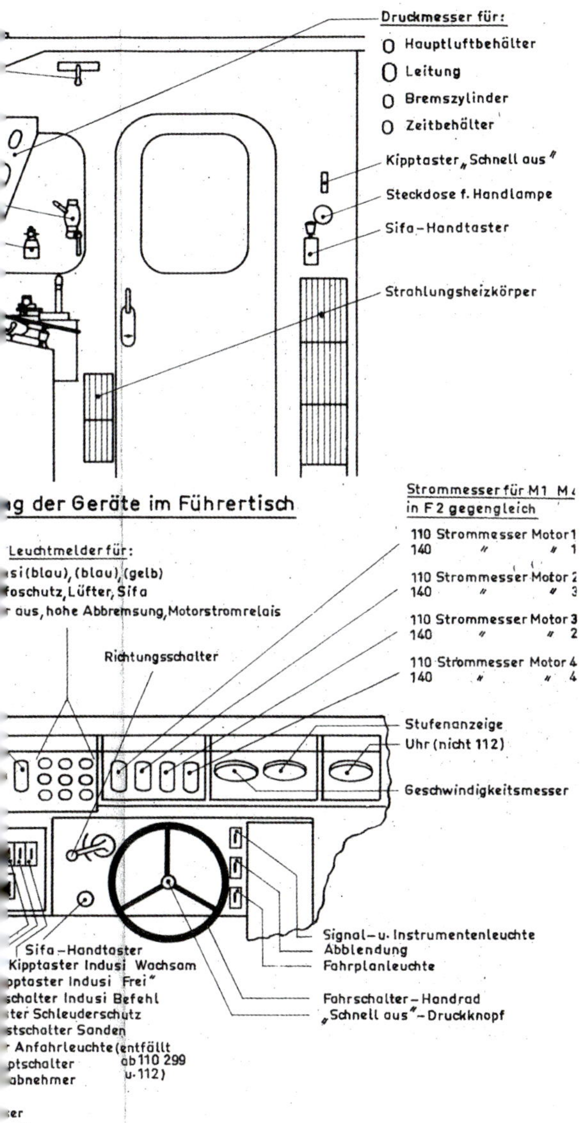

getriebe angetrieben. Die Luft wird über zwei Filter aus dem Maschinenraum angesaugt. Nachdem sie in der Niederdruckstufe des Luftpressers vorverdichtet wurde, passiert sie einen außen liegenden Rohrkühler. Dann wird sie über einen Ölabscheider den Hauptluftbehältern und von dort der Hochdruckstufe des Luftpressers zugeführt. Zwischen Ölabscheider und Hauptluftpresser befindet sich ein Sicherheitsventil.
Wegen ihrer zulässigen Höchstgeschwindigkeit von 150 km/h haben die Lokomotiven eine Einkammer-Druckluftbremse der Bauart Knorr für schnell fahrende Fahrzeuge. Über ein einlösiges Steuerventil wird das Bremsen ausgelöst. An einem Umstellhahn kann der Lokführer die Stellungen G(üterzug), P(ersonenzug) oder R(eisezug = Schnellzug) wählen. Die geschwindigkeitsabhängige Bremsdruckregelung verringert beim Abbremsen aus höheren Geschwindigkeiten den Bremszylinderdruck von bis zu bis 8 kg/cm^2 bei 60 km/h den Druck auf etwa 4 kg/cm^2, damit sich die Räder nicht festbremsen und die Lok nicht anfängt zu rutschen.
Zu den Bauteilen der Bremse gehören das selbstregelnde Führerbremsventil Bauart D 5 mit angebautem elektrischem Bremssteller, das einlösige Steuerventil der Bauart Knorr V 5 mit Hilfsluftbehälter und Vorsteuerbehälter, der Umstellhahn G-P-R zwischen dem Steuerventil und dem Vorsteuerbehälter, der Druckübersetzer, der Vorratsluftbehälter für die Bremszylinderdruckluft, der Achslagerbremsdruckregler am Achslager 2 links, die Bremszylinder, das Bremsgestänge mit Doppelbremsklötzen Bgu mit beiderseitiger Wirkung auf die Räder.
Außerdem haben die E 10 eine Druckluft-Zusatzbremse, eine Feststellbremse in jedem Führerraum und eine Notbremse. Die Feststellbremse arretiert über ein Handrad den vorderen Radsatz im darunter liegenden Drehgestell.

2.1.4 Aufbau

Die Schweißkonstruktion des Brückenrahmens besteht aus den beiden seitlichen Langträgern und drei Querträgern. Kopfstücke an beiden Enden tragen die Zug- und Stoßvorrichtungen. Bei später gebauten Loks wurde der Rahmen so geändert, dass eine automatische Mittelpufferkupplung eingebaut werden kann. An

Anordnung der Bedienelemente im Führerraum der E 10. Abbildung: Slg. M. Dahlbeck

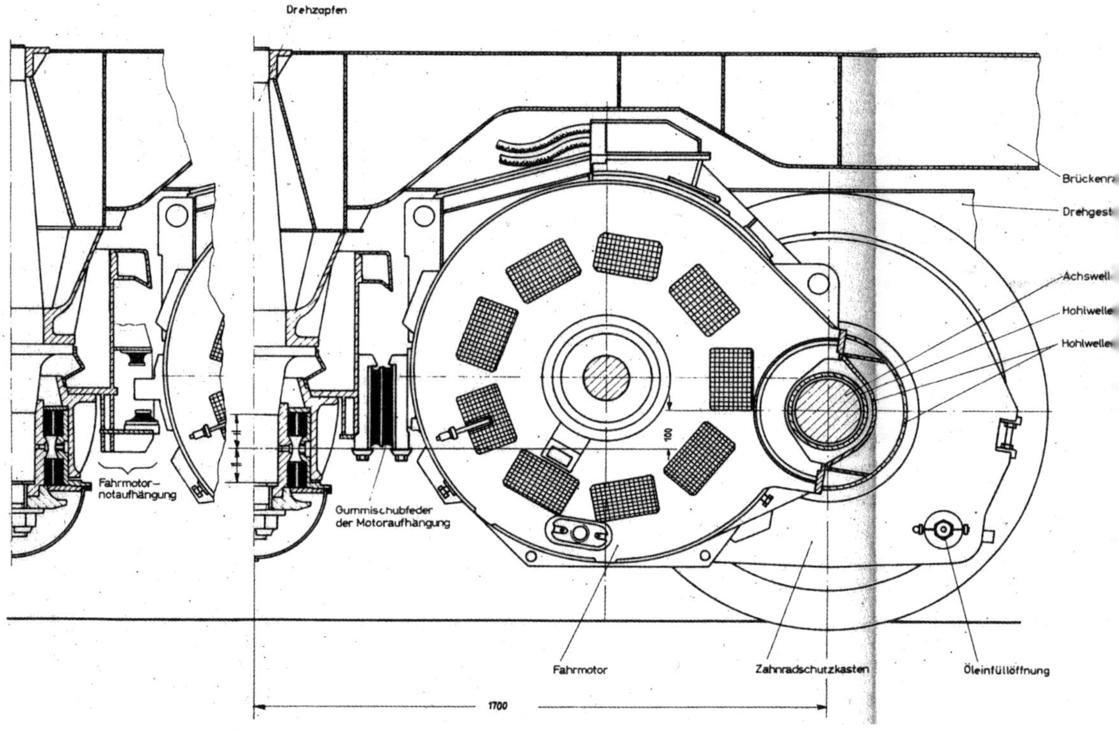

Drehzapfen
Brückenr
Drehgest
Achswell
Hohlwelle
Hohlwelle
Fahrmotor-
notaufhängung
Gummischubfeder
der Motoraufhängung
100
Fahrmotor
Zahnradschutzkasten
Öleinfüllöffnung
1700

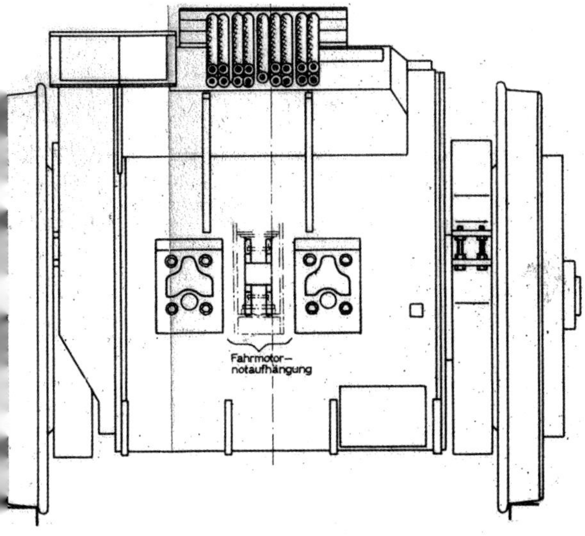

den beiden äußeren kastenförmigen Drehzapfen-Querträgern des Brückenrahmens sind die Drehzapfen mit einem Flansch befestigt. Über dem mittleren Querträger steht der Transformator. Um das Kuppeln und Entkuppeln in Gleisbögen zu erleichtern, hatten einige Kasten-E 10 sowie die »Rheingold«- und »Rheinpfeil«-Loks einen pneumatischen Zughakenvorschub, der es dem Triebfahrzeugführer ermöglichte, den Zughaken um 6 cm aus dem Rahmen herausfahren. Die Einrichtung war aber sehr schadanfällig und wurde wieder ausgebaut.
Das Gerippe des Kastenaufbaus besteht aus Abkantprofilen. Es ist von außen mit Blechen verkleidet. Kasten und Brückenrahmen sind miteinander verschweißt und bilden eine selbsttragende Einheit. Der Innenraum teilt sich in einen Maschinenraum und zwei Endführerräume. Seitengänge auf beiden Seiten des Maschinenraums verbinden die Führerräume miteinander. Über Lüftungsgitter in den Seitenwänden des Maschinenraums wird von außen die Kühlluft für die Fahrmotoren und Bremswiderstände angesaugt.
Durch die öffnungsfähigen Seitenfenster in der Mitte der Seitenwände fällt etwas Licht in den Maschinenraum der Kasten-E 10. Es kann geöffnet werden, indem eine Hälfte horizontal über die andere geschoben wird. Bei den Bügelfalten-Maschinen mit windschnittiger Führerraumkopfform wurde aus optischen Gründen auf die Fenster verzichtet. Stattdessen bekamen die Loks ein durchlaufendes Lüfterband, hinter dem sich getrennte Lüfteröffnungen verbergen. Die Lüftungsgitter der E 10 101 bis E 10 215 hatten waagerechte Lamellen. Ab der E 10 216 wurden Doppeldüsen-Lüftungsgitter eingebaut, durch die weniger Regenwasser und Schnee eindringt. An der Innenseite der Lüftungsgitter können zusätzliche Filter gegen Staub- und Flugschnee angebracht werden.
Das Aussehen der Vorserienmaschinen unterscheidet sich deutlich von den Serienloks. Die E 10 001 ist mit ihren beiden Frontfenstern den Nachfolgern am ähnlichsten. Allerdings lassen die tief eingebauten Stirnlampen und der Dachüberstand über den Frontfenstern sie recht düster »dreinblicken«. Die anderen Probeloks hatten eher runde Stirnpartien mit je drei Frontfenstern. Auch die Anzahl der Lüftungsgitter und Fenster in den Seitenfenstern variierte von Lok zu Lok. Allerdings hatten alle Loks nur

Die Fahrmotoren stützen sich auf einer Seite auf den Radsätzen ab, auf der anderen Seite sind sie mit dem Drehgestellrahmen verbunden.
Abbildung: Slg. M. Dahlbeck

Der Lokkasten stützt sich über Gleitplatten und Schraubenfedern auf den Drehgestellen ab. *Foto: M. Dahlbeck*

im oberen Bereich der Seitenwände Öffnungen für Lüfter und Fenster. Außer der E 10 002 wurden die Probeloks zunächst nur mit zwei Stirnlampen geliefert. Als die DB 1957 die Vorschriften änderte, wurde das obere Spitzenlicht nachträglich eingebaut.
Der Haupttransformator samt Schaltwerk steht im Maschinenraum auf dem mittleren Querträger. Er ist mit dem Brückenrahmen verschraubt. Fünf Gerätegerüste und die Hilfsbetriebe wurden möglichst symmetrisch zum Transformator im Maschinenraum angeordnet. Um die Bedienung und Unterhaltung der Sicherungs- und Überwachungseinrichtungen zu vereinfachen, wurden solche, die der Funktion nach verwandt sind, in einem Gerätegerüst und auf einer Schalttafel zusammengefasst. Dazu gehören beispielsweise die Tafel mit den Überstromrelais und eine Tafel mit den Hilfsrelais für die Steuerung von Stromabnehmern, Hauptschalter, Heizung und Bremslüfter im Gerüst 4, sowie je eine Tafel mit allen Kleinselbstschaltern und Schmelzsicherungen für die Hilfsbetriebe und die Führerraumheizung im Gerüst 5. Die Überwachungseinrichtungen für den Haupttransformator sowie Zähler für Wirk- und Blindstrom sind ins Gerüst 2 eingebaut.
Die Fahrmotorlüfter leiten die Kühlluft für die Fahrmotoren durch Schächte zu den Fahrmotoren von wo sie durch Austrittsöffnungen an den Fahrmotoren ins Freie gelangt. Die Widerstände der elektrischen Bremse sind über einem Lüfter montiert, so dass sie von unten gekühlt werden. Die Kühlluft strömt nach oben und wird durch Schlitze im größeren der beiden Dachaufbauten abgeführt. Die Kühlluft für den Ölkühler des Haupttransformators wird durch die Schlitze des kleineren Dachaufbaus angesaugt und über den Ölkühler nach unten ins Freie geführt. Die Dachaufbauten sind abnehmbar, sodass Haupttransformator, Ölkühler und die Hilfsbetriebe von oben ein- und ausgebaut werden können. Durch eine Luke im Dach kann das Personal vom Maschinenraum aus mit einer Leiter auf das Dach steigen. Die Luke lässt sich aus Sicherheitsgründen nur mit dem Schlüssel des Führerbremsventils öffnen oder verschließen. Er kann nur bei geschlossenem Deckel abgezogen werden.
Zwischen den Drehgestellen sind unter dem Brückenrahmen vier Tröge aufgehängt, in denen sich die Batterien befinden.
Die Wände zwischen den Führerräumen und dem Maschinenraum sind schallgedämmt. Über den Fahrmotoren sind im Fußboden des Maschinenraums Bodenklappen eingebaut.

2.1.5 Führerräume

Bei der Gestaltung der Führerräume wurden Erfahrungen der Lokführer mit den Vorserienmaschinen berücksichtigt. Von der E 10 001 übernahmen die Konstrukteure die beiden großen Stirnfenster, die eine wesentlich bessere Steckensicht ermöglichen, als die dreifenstrige Ausführung der anderen Prototypen. Die Einrichtung der Innenräume und die Anordnung der Bedienungs- und Überwachungselemente wurden von den E 10 001 und E 10 002 übernommen.
Wichtigste Änderung gegenüber den Vorkriegselloks war die Möglichkeit zur Bedienung der E 10 im Sitzen. Das Fahrpult wurde in entsprechender Höhe angeordnet und als Fahrstufenrad ein kleines Handrad auf der waagerechten Fläche des Pults statt eines großen, senkrecht stehenden Rads eingebaut. Hinter dem Fahrpult ist der Sitz für den Triebfahrzeugführer aufgestellt. Links davon gibt es einen zweiten Sitz für den Beimann. Bis 1970 wurden recht einfache Stühle in die Führerräume gestellt, ab 1970 baute man gefederte Bremshey-Sitze ein, die der Triebfahrzeugführer nach seinen Anforderungen einstellen konnte. Nach und nach wurden auch die ältern Maschinen mit diesen Sitzen ausgestattet. Alle Instrumente sind so im Führerpult eingebaut, dass sie vom Sitz aus gut erreichbar bzw. ablesbar sind. Zunächst hatten die Führerräume eine Warmluftheizung, später wurden Strahlungsheizungen eingebaut. Die früh gebauten E 10 hatten eine Kochplatte auf der das Personal Getränke oder kleine Speisen aufwärmen konnte. Spätere Bauserien bekamen Thermofächer, mit denen Speisen und Getränke gekühlt oder erwärmt werden konnten.

Bei der Montage des Lokkastens einer »Bügelfalten«-E 10 war in den 1960er-Jahren noch viel Handarbeit nötig. *Foto: Slg. M. Dahlbeck*

2.2 Elektrischer Teil

Die Hochspannungsteil der Lokomotiven besteht aus den beiden Stromabnehmern und der Dachleitung, dem Dachtrennschalter, dem Hauptschalter, dem Dachdurchführungsisolator mit dem Oberstromwandler und dem Oberspannungswandler.

2.2.1 Stromabnehmer

Die Serienloks der Baureihe E 10 wurden mit je zwei Scherenstromabnehmern der Bauart DBS 54 (Doppelschleifstück-Bahn-Stromabnehmer Entwicklungsjahr 1954) ausgerüstet. Sie wiegen 275 kg und sind damit 100 kg leichter als die SBS 39. Die geschweißten Stromabnehmer haben Wälzlager in den Scherengelenken und in den Grundrahmenlagern. Zwei Schleifstücke auf der Pendelwippe sollen sicherstellen, dass eine sichere Stromabnahme auch dann gewährleistet ist, wenn die Loks mit nur einem angelegten Stromabnehmer fahren.
Die Vorserienloks wurden mit Scherenstromabnehmern geliefert, die aus der Bauart SBS 39 weiterentwickelt worden waren. Sie hatten nur ein Schleifstück aus Hartkohle, deshalb sollten im Betrieb beide Stromabnehmer angehoben sein. Nachdem sich die Doppelschleifleisten durchgesetzt hatten, wurden die

SBS 39 der E 10^{0} damit ausgerüstet, so dass nun der Betrieb mit nur einem Abnehmer an der Oberleitung möglich war.
Die Stromabnehmer werden mit dem Kipptaster »Stromabnehmer hoch/nieder« vom Führerpult aus bedient. Ein Druckluftzylinder und eine Hubfeder heben sie an und drücken sie mit einer Kraft von 70 kN an den Fahrdraht. Eine Rückzugfeder senkt die Stromabnehmer ab. Kurz vor dem Aufsetzen bremst ein Ölstoßdämpfer den Stromabnehmer ab, um Beschädigungen zu verhindern. Im Gefahrenfall kann der Stromabnehmer mit dem Notschalter gesenkt werden, der an der Führerraumdecke über dem Führersitz angeordnet ist.
Im Zusammenhang mit der Entwicklung der Baureihe 103 wurden auch auf der E 10 unterschiedliche Stromabnehmerbauarten untersucht. Die E 10 1270, E 10 299 und E 10 300 waren zu diesem Zweck mit Scheren- bzw. Einholmstromabnehmern unterschiedlicher Hersteller bestückt. Auch unterschiedliche Schleifstücke wurden untersucht. Die Tests führten schließlich zur Entscheidung für Scherenstromabnehmer der Bauart DBS 54 mit der breiten Wanisch-Wippe WB 15. Er wurde auf zwei Loks der Baureihe E 03 und auf den 112 485 bis 112 504 montiert. Mit der breiten Wanisch-Wippe konnten auch bei einer Höchstgeschwindigkeit von 160 km/h zwei Loks der Baureihe 112 vor einem Zug eingesetzt werden, dies war mit Abnehmern mit normalen Schleifstücken nicht möglich.
Wegen Problem mit den Wanisch-Wippen im Betrieb bekamen 112 485 und 486 im Jahr 1969 zwei neue Wippen. Die von der Eisenbahntechnischen Konstruktionen GmbH (ETK) gebaute Wippe WB 12 lieferte bessere Ergebnisse lieferte als die von Siemens gelieferte. Deshalb wurden die 112 485 bis 504 sowie die ersten Serienloks der Baureihe 103 mit diesen Wippen ausgestattet. Doch auch diese Wippen bewährten sich im Dauerbetrieb nicht und wurden deshalb gegen die normalen Wippen der DBS 54 ausgetauscht.
Aus dem Stromabnehmer gelangt die elektrische Energie zum Dachtrennschalter. Mit diesem Schalter, einem Drehisolator auf dem Dach, können die beiden Stromabnehmer vom übrigen Stromkreis getrennt werden. Dies ist besonders wichtig, wenn sich ein Stromabnehmer nicht mehr senken lässt. Der Schaltarm wird mit einem Knebelgriff vom Maschinenraum aus betätigt. Damit können beide, nur ein oder kein Stromabnehmer mit der Dachleitung verbunden werden.
Der ebenfalls auf dem Dach platzierte Hauptschalter, ein Druckluftschnellschalter der Bauart DBTF 20i200, verbindet die Dachleitung mit dem Transformator und schaltet sich bei Spannungsschwankungen oder abfallendem Luftdruck selbsttätig aus.

2.2.2 Transformator

Am Haupttransformator, einem dreischenkeligen Ötransformator Bauart WER 1193v/15 mit Eisenkern, ist das Hochspannungsschaltwerk und eine Ölkühlanlage montiert.

Haupttransformator

Hauptleistung:	4.040 kVA
Hilfsleistung:	108 kVA
Heizleistung:	400 kW
verstärkter Heizleistung:	560 kW
29 Anzapfungen	

An einem der Außenschenkel befinden sich 29 Anzapfungen für den Fahrmotorenstrom und die Hilfswicklung für die Zugheizung und für die Hilfsbetriebe.
Zur Ölumlaufkühlung des Transformators gehören der Transformatorkessel, eine Kreiselpumpe, ein Ölkühler mit Lüfter und zwei Absperrschieber. Die Pumpe hat eine Leistung von 3,3 kW und fördert 850 Liter Öl in der Minute. Der Rippenrohr-Ölkühler ist zusammen mit dem Ölkühlerlüfter in einem turmartigen Gehäuse eingebaut. Der Axiallüfter benötigt eine elektrische Leistung von 9 kW und hat eine Förderleistung von 6,75 m^3/sec. Er saugt die Kühlluft über Jalousien im Dachaufbau an und drückt sie durch den Ölkühler nach unten wieder ins Freie.
Ein Thermometer und ein Strömungsmesser überwachen die Öltemperatur und die Ölströmung. Unregelmäßigkeiten werden durch Meldeleuchter im Fahrpult angezeigt.
Eine Gleichstromanlage versorgt Stromabnehmer, Hauptschalter, Hilfsbetriebe, Stellmotoren, Richtungswender, Trennschütze, Beleuchtungseinrichtung sowie Sifa und Indusi mit elektrischer Energie. Bei der ursprünglichen Betriebsspannung von 24 V kam es dabei immer wieder zu Kontaktstörungen in den Stromkreisen, die zu Betriebsstörungen führten. Deshalb wählte man bei den E 10 eine Spannung von 110 V für die Gleisstromanlage. Die Batterie wird nicht mehr wie vorher üblich über einen Transformator

und einen Gleichrichter aus den Fahrdraht geladen, sondern ist über einen Generator mit Vorsatzgetriebe an den Ölkühlermotor angekuppelt.
Für die elektrische Zugheizung sind an der Hilfsbetriebewicklung des Haupttransformators besondere Anzapfungen vorhanden. Von hier fließt der Strom über Heizschütze, Heizstromwandler, Erdstromwandler und die Hauptheizleitung zu den Heizkupplungen an den Stirnseiten der Lokomotive.

2.2.3 Schaltwerk

Zum Schalten der einzelnen Fahrstufen haben die Serien-E 10 ein Hochspannungs-Schaltwerk der Bauart N 28 h erhalten. Bei ihm kann die Oberspannungswicklung an 28 verschiedene Spannungen der Stufenwicklung angelegt werden. Weil das Hochspannungs-Schaltwerk an der Hochspannungsseite des Transformators liegt, genügen niedrigere Ströme im Schaltwerk als bei Niederspannungs-Schaltwerken, um die gleiche Leistung zu übertragen. Deshalb können die Bauteile des Schaltwerks kleiner ausgeführt werden kann. Allerdings benötigt diese Variante den so genannten Stufentransformator zwischen Dachleitung und Schaltwerk. Nur bei der E 10 003 wurde ein Niederspannungs-Schaltwerk verwendet. Das Schaltwerk befindet sich hier hinter dem Haupttransformator, muss größere Ströme leiten können und entsprechend groß ausgeführt werden, um eine übermäßige Erwärmung zu vermeiden.
Das Hochspannungs-Schaltwerk arbeitet nach dem Prinzip der Nachlaufsteuerung: Der Triebfahrzeugführer wählt die endgültige Fahrstufe und das Schaltwerk schaltet die einzelnen Fahrstufen je nach Belastung selbstständig nach oben oder unten. Der Lokführer muss also nicht jede Fahrstufe einzeln schalten und warten, bis die Lok die Geschwindigkeit dieser Fahrstufe erreicht hat, um in die nächste Stufe schalten zu können. Später wurde die Nachlaufsteuerung durch eine Auf-Ab-Steuerung ersetzt. Hier hat der Lokführer nur die Schaltstellungen »Auf«, »Ab«, »Fahrt« und »0«. Er schaltet solange »Auf«, bis die Lok die gewünschte Geschwindigkeit erreicht hat, denn schaltet er auf »Fahrt« und das Schaltwerk verharrt in der erreichten Fahrstufe. Um langsamer zu Fahren, schaltet er »Ab« und geht bei der gewünschten Geschwindigkeit wieder auf »Fahrt«. Schaltet er auf »0«, werden die Motoren abgeschaltet und das Schaltwerk läuft auf die Stufe 0 herunter.
Auch die Schaltwerke wurden während der langen Bauzeit der E 10 weiterentwickelt. Ab Mitte der 1960er-Jahre wurden die ersten Schaltwerke mit Thyristor-Halbleiter-Lastschaltern eingebaut. Ab E 10 399 waren sie dann serienmäßig in der E 10 zu finden.

2.2.4 Fahrmotoren

Jeder Radsatz der E 10 wird über einen 14-poligen Reihenschluss-Kommutatormotor der Bauart WB 372/22 mit Erreger-, Wendepol- und Kompensationswicklung angetrieben. Im zylinderförmigen Gehäuse des Motors sind Blechpakete eingebaut, die als Ständer dienen. Die Kupferwicklungen des Ankers oder auch Läufers sind mit dem Kommutator verbunden. Der Kommutator polt die Ankerwicklung so, dass der Motor ständig ein Drehmoment liefert. Ritzel an beiden Seiten der Ankerwelle greifen in das Großrad des SSW-Gummiringfederantriebs. Sobald der Fahrschalter von Stufe 0 auf Stufe 1 bewegt wird schalten Motortrennschütze die Fahrmotoren ein.
Die Motorbauart WB 372/22 wurde aus dem zwölfpoligen, in der E 10 003 verwendeten Motor der Bauart WB 358/21 weiterentwickelt. Dies war nötig, um für die Serienloks die geforderte höhere Leistung zu erreichen. Die in E 10 002 eingebauten 14-poligen Motoren der Bauart ELM983s und in die E 10 001,

Fahrmotor SSW WB 372/22	
Nennleistung = Stundenleistung (bei 90 % der größten Trafo-Leerlauf Spannung und 1.110 U/min):	925 kW
Nennspannung (90 % der größten Trafo-Leerlaufspannung):	487 V
Nennstrom:	2.080 A
Stundenleistung:	810 kW
Dauerleistung:	770 kW
Gewicht ohne Antrieb und Motorritzel:	3.940 kg

004 und 005 eingebauten, ebenfalls 14-poligen Motoren der Bauart EKB 895 setzten sich nicht durch.
Damit die Motoren im Betrieb nicht heiß laufen, werden sie von Kühlluft umspült. Ein zweistufiger Hochleistungs-Axiallüfter mit einer Leistung von 9 kW fördert die Kühlluft durch Kanäle im Ständer und Läufer sowie durch Luftspalten im Kommutator zu den Luftaustrittsöffnungen geführt. Die Luft wird aus dem Maschinenraum angesaugt und über Lederbälge den Fahrmotoren zugeführt. Je nach Außentemperatur kann zwischen Sommer- und Winterbetrieb gewählt werden. Der manuelle Schalter ist im Maschinenraum.

Blick in den Führerraum der 110 494: Mit dem waagerechten Handrad wählt der Lokführer die Fahrstufen. Vor dem rechten kleinen Fenster sind die Bremshähne zu erkennen. *Foto: M. Dahlbeck*

Stromabnehmer der Bauart DBS 54 mit normalen Doppel-Schleifstücken waren auf den meisten 110 montiert. *Foto: M. Dahlbeck*

2.2.5 Elektrische Bremse

Außer der auf der Seite 25f. beschriebenen Druckluftbremse haben die E 10 eine elektrische, von der Fahrdrahtspannung abhängige, fremderregte Widerstandsbremse. Wird diese Bremse genutzt, arbeiten die Fahrmotoren als Generatoren. Dabei wird durch die Bewegung des Ankers im Ständer ein Magnetfeld erzeugt, das dem Drehmoment des Ankers entgegenwirkt. Dieses Magnetfeld erzeugt im Ständer eine zur Spannung in der Oberleitung phasenverschobene, elektrische Spannung. Allerdings wird die so gewonnene elektrische Energie bei den E 10 nicht in die Oberleitung zurückgespeist, sondern in den Bremswiderständen in Wärme umgewandelt. Dafür sind je zwei Läufer der Fahrmotoren mit einem Bremswiderstand in Reihe geschaltet. Die elektrische Bremse wird mit dem elektrischen Bremssteller stufenweise geregelt. Er kann über eine mechanische Kupplung mit dem Griff des Führerbremsventils verbunden werden. Dann wird die elektrische Bremse zusammen mit der Druckluftbremse betätigt.
Weil das Magnetfeld von der Drehgeschwindigkeit des Ankers abhängig ist, würde die Bremsleistung bei der immer langsamer fahrenden Lok stetig abnehmen. Um dies zu verhindern, muss das Magnetfeld aufrechterhalten werden. Dafür wird über einen Geschwindigkeitsmesser eine variable Spannung aus dem Haupttransformator angelegt.
Erst die Serienmaschinen der E 10 haben eine elektrische Bremse. Sie wurde wegen der höheren Endgeschwindigkeit nötig, denn beim Abbremsen aus Geschwindigkeiten über 130 km/h werden die Bremsklötze enorm aufgeheizt, was einen sehr ho-

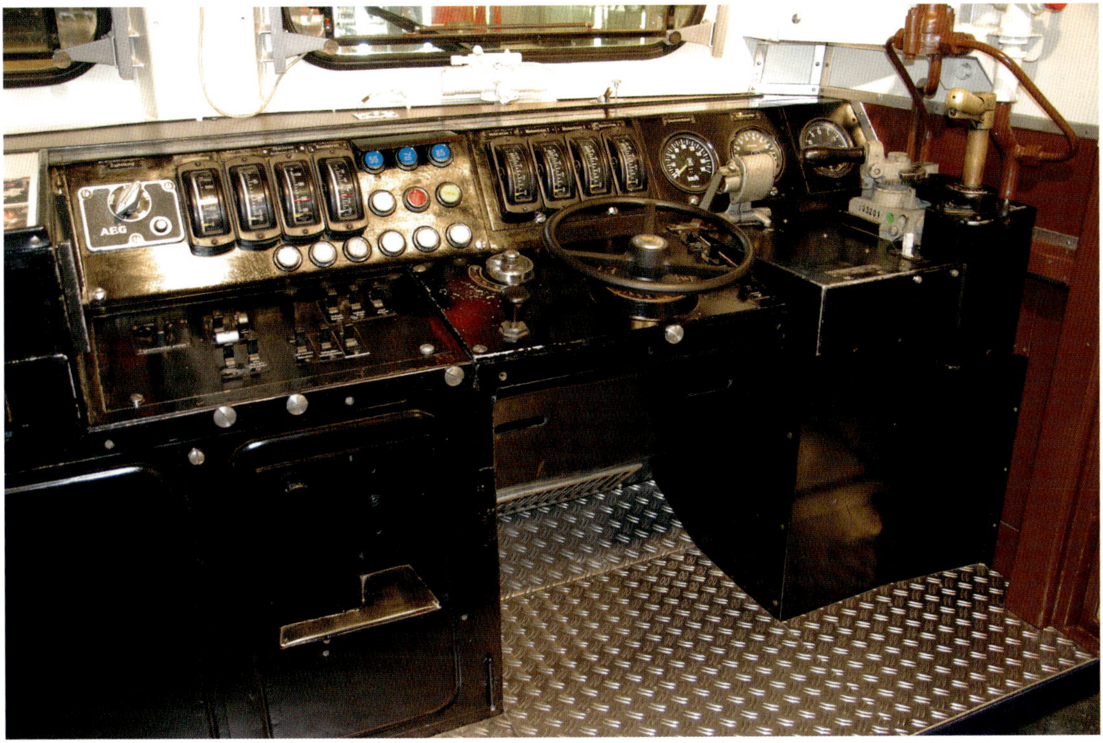

Blick in den Führerstand einer E 10. Im Gegensatz zu den Vorkriegs-Elloks können die Einheits-Elloks der DB im Sitzen bedienst werden. Deshalb ist das Fahrstufenrad waagerecht auf dem Pult montiert und nicht mehr senkrecht an der Stirnseite des Pults. Foto: M. Dahlbeck

hen Bremsklotzverschleiß und schlimmstenfalls das Ablösen der Radreifen zur Folge haben kann.

Die elektrische Bremse hat eine Dauerleistung von 1.200 kW und für eine kurzzeitige Belastung eine Spitzenleistung von rund 2.500 kW. Damit kann ein D-Zug mit 684 Tonnen von 150 km/h innerhalb von 40 Sekunden auf eine Geschwindigkeit von 125 km/h verzögert werden. Ein 1.200 Tonnen schwerer Güterzug bei einem Gefälle von 10 ‰ auf einer Geschwindigkeit von 60 km/h gehalten werden.

2.2.6 Sicherheitseinrichtungen

Damit die E 10 sicher und zuverlässig betrieben werden können, sind sie mit zahlreichen Sicherheitseinrichtungen ausgestattet. Zu den Einrichtungen, die die Funktion der Lokomotiven überwachen, gehört unter anderem das Überstromrelais, das den Oberstromkreis vor Überlastung schützt. Ein Relais überwacht den Heizstrom und schaltet bei Kurzschlüssen in der Zugheizung die Hilfswicklung für die Heizspannung im Haupttransformator ab. Ein anderes Relais schaltet, wenn es zu Erdschlüssen in den Hilfsbetrieben, der Zugheizung oder den Fahrmotoren kommt. Wenn das Motorüberstromrelais anspricht, trennt der zugehörige Motortrennschütz den Motorstromkreis. Ein Unterspannungsrelais überwacht die Fahrdrahtspannung und schaltet den Hauptschalter aus, wenn die Fahrdrahtspannung unter 10 kV absinkt. Der sichere Einsatz auf den Gleisen wird ebenfalls überwacht. Dafür sind die Lokomotiven mit folgenden Sicherheitseinrichtungen ausgerüstet: Die Sicherheitsfahrschaltung (Sifa) bremst den Zug ab, wenn der Triebfahrzeugführer dienstunfähig wird oder wenn nicht mehr genügend Luft in der Hauptluftleitung vorhanden ist, was auf einen Defekt in der Bremse oder eine

Die dritte Bauserie der 112 war mit Stromabnehmern der Bauart DBS 54 bestückt, die breite Wippen der Bauart Wanisch hatten. Diese Wippen sollten bei einer Geschwindigkeit von 160 km/h und bei Doppeltraktionen sicher am Fahrdraht liegen und so Funkenbildung vermeiden.
Foto: Slg. M. Dahlbeck

Zugtrennung hindeuten kann. Bei der Sifa gibt es mechanische, elektromechanische oder elektronische Bauarten, die wegabhängig und zeitabhängig arbeiten. Sie alle haben zusätzlich eine zeitabhängige Wachsamkeitskontrolle. Bei der wegabhängigen Sifa kann der Zug nur eine bestimmte Stecke zurücklegen, ehe sich der Lokführer wieder einen Handtaster oder ein Fußpedal betätigen muss. Dafür genügt es, dass der Führer den Taster oder das Pedal gedrückt hält. Wäre er ohnmächtig geworden und auf dem Signalgeber liegen geblieben, so wäre der Zug weitergefahren. Um diese Gefahr zu bannen wurde eine zeitliche Überwachung nachgerüstet. Nun muss sich der Zustand der Signalgeber innerhalb bestimmter Zeitintervalle ändern. Tut er dies nicht, erfolgt die Zwangsbremsung.
Die Induktive Zugbeeinflussung (Indusi) überwacht, ob ein Triebfahrzeugführer die Signale an der Strecke erkannt und entsprechend reagiert hat. Dafür sind sowohl an den Drehgestellen der Lok als auch neben den Gleisen Magnete befestigt. Die Gleismagnete senden in Frequenzen, die den jeweiligen Signalbildern zugeordnet sind. Wenn der Magnet an der Lok einen Gleismagent passiert empfängt er diesen Impuls. Um anzuzeigen, dass er das Signal erkannt hat, muss der Fahrzeugführer dies durch einen Tastendruck bestätigen. Wird der Impuls nicht quittiert, erfolgt eine Zwangsbremsung. Gleichzeitig werden die am Signal zulässigen Geschwindigkeiten überwacht. Werden diese überschritten, erfolgt ebenfalls eine Zwangsbremsung.
Auch die Sicherheitseinrichtungen wurden ständig verbessert. Ab 1963 lösten Indusi der Bauart I 60 die alte Bauart I 54 ab. Außerdem mussten bis Dezember 2003 alle E 10 mit dem punktförmigen Zugbeeinflussungssystem PZB 90 ausgestattet werden.
1959 führte die DB Zugbahnfunk (ZBF) ein. Versuchsweise wurde die Strecke Würzburg – Nürnberg damit ausgerüstet. Die E 10 239 bis E 10 244 und die E 10 1308 bis E 10 1312 wurden deshalb mit ZBF ausgestattet. Die Tests verliefen erfolgreich und der ZBF wurde weiter verbessert. Anfang der 1970er-Jahre war der Zugbahnfunk serienreif und die E 10 wurde, wie alle anderen Loks der DB, damit nachgerüstet.
Das modernste Sicherungssystem der E 10 ist CIR-ELKE. Für das »Computer Integrated Railroading – Erhöhung der Leistungsfähigkeit im Kernnetz der Eisenbahn« wurde die linienförmige Zugbeeinflussung (LZB) weiterentwickelt, damit die Belegung viel befahrener Strecken noch einmal erhöht werden konnte. Als erste Strecke wurde die Verbindung zwischen Karlsruhe und Basel mit CIR-ELKE ausgestattet und ab 2001 mit diesem

Damit die 110 auch im Regionalverkehr mit Wendezügen eingesetzt werden können, bekamen zahlreiche Loks die dafür benötigte Ausrüstung nachgerüstet. Die Aufnahme zeigt die schiebende 110 470 am 5. Juli 2009 in Wuppertal. *Foto: Th. Estler*

System betrieben. Ab 2006 wurde die Verbindung dann auf den Nachfolger CIR-ELKE II umgestellt. Mit diesem System wurde nach dem Versuchsträger 110 169 weitere Loks der Baureihe 110 ausgestattet, damit sie auf Strecken mit CIR-ELKE eingesetzt werden dürfen.

2.2.7 Wendezugsteuerung

Nach ihrer großen Zeit im Schnellzugdienst wanderten die 110 in den 1990er-Jahren mehr und mehr in den untergeordneten Reisezugdienst ab. Hier wurden aber überwiegend Wendezüge eingesetzt. Um die 110 auch in diesen Zügen einsetzen zu können, ließ die Deutsche Bahn AG zwischen 1997 und 2004 insgesamt 131 Bügelfalten-110 mit Wendzugsteuerung ausgestatten. Bis 1995 bekamen alle E 10 eine Einrichtung zur Türblockierung ab 0 km/h (TB0). Sie darf nur bei Zügen mit Zugbegleiter genutzt werden und hat einen Taster zum Schließen und zum Freigeben der Türen. Damit können die Türen erste bei einer Geschwindigkeit unter 5 km/h freigegeben werden. Die TB0 gibt dann die Türen auf beiden Seiten des Zugs frei. Um die Türen zu schließen, betätigt der Zugbegleiter mit einem Schlüssel einen Schalter. Dies wird dem Triebfahrzeugführer mit einem Signalton oder per Sprachausgabe mitgeteilt. Die Türen können aber auch vom Führerstand aus geschlossen werden. Bevor sich der Zug in Bewegung setzt, muss der Lokführer sich per Augenschein davon überzeugen, dass der Zugbegleiter die Abfahrbereitschaft meldet.

3.

Farbenspiele – die E 10 und ihre Lackierungsvarianten

Schwarzes Fahrwerk, blauer Kasten und graues Dach. So prägten die 110 bis in die 1980er-Jahre das Bild der DB. In dieser Ausführung steht 110 229 am 21. November 1982 im Betriebswerk Ulm. Im Hintergrund wartet schon die Ablösung in Form der Baureihe 111.

Foto: M. Dahlbeck

Durch den zweifarbigen, blau/cremefarbenen Anstrich hoben sich die Loks der Baureihe E 10^{12} in den frühen 1960er-Jahren von den anderen E 10 ab. Mit einem Eilzug als Füllleistung ist E 10 1266 am 12. Mai 1964 in Bruchsal eingefahren. Foto: P. Pekney (Slg. VFS)

Die E 10 gehört zu den wenigen Lokomotivbaureihen, die sämtliche Farbkleider trug, die Deutsche Bundesbahn und Deutsche Bahn AG für ihre Lokomotiven erdachten. Hinzu kamen noch Versuchslackierungen und diverse Werbeanstriche. So reicht das abwechslungsreiche Spektrum von der eleganten TEE-Variante bis zur bunten Mauslok.

3.1 Vom eleganten Blau zum Verkehrsrot

Mit ihren blauen Lokkästen hoben sich die E 10 deutlich von den übrigen Elektrolokomotiven der Deutschen Bundesbahn ab, die bisher alle einen grünen Lokkasten hatten. Die DB führte die neue Farbe für jene Loks ein, die mit einer Höchstgeschwindigkeit ab 120 km/h für den Schnellzugdienst geeignet waren. So konnte die Bahn durchgehend blaue F-Züge zu bilden, denn die 1.-Klasse-Wagen dieser Züge hatten bereits blaue Kästen erhalten.

Die fünf Probeloks bekamen ein schwarzes Fahrwerk und einen schwarzen Rahmen, das Dach wurde weißaluminiumfarben lackiert. Weil die parallel zur Baureihe E 10 gelieferte E 41 eine Höchstgeschwindigkeit von 120 km/h hat, bekamen auch die ersten Loks dieser Baureihe einen blauen Kasten. 1958 erhöhte die Bundesbahn die Mindestgeschwindigkeit für den blauen Anstrich auf 130 km/h. Deshalb wurden die E 41 fortan mit grünem Kasten ausgeliefert. Bei der E 10 änderte sich nichts.

1962 führte die DB mit dem Rheingold und später dem Rheinpfeil neue Luxuszüge auf ihren Gleisen ein. Die Züge wurden aus neuem, voll klimatisiertem Wagenmaterial gebildet. Als Besonderheit bekamen sie einen Aussichtswagen mit voll verglaster Kuppel. Diese Züge sollten sich auch nach außen von den übrigen F-Zügen abheben. Deshalb entschied sich die DB

Mit der Aufwertung von »Rheingold« und »Rheinpfeil« zu TEE-Zügen wurden Loks und Wagen an das für diese Züge vorgesehene Farbschema angepasst. Der blaue Bereich der E 10^{12} wurde durch einen roten ersetzt. In diesem Anstrich zieht die bereits zu einer 110 umgebaute 112 496 den InterRegio 2560 am 15. Januar 1997 durch Fellbach in Richtung Stuttgart. *Foto: M. Dahlbeck*

Nach einem Unfall im Mai 1983 wurde E 10 477 nicht wieder aufgebaut und schied Ende März 1985 als zweite E 10 aus dem Bestand aus. 1968 fährt sie noch mit alter Nummer in Lüneburg ein. *Foto: J. Krantz*

Weil die schwarzen Rahmen im Betrieb schnell verschmutzen, unternahm die DB Versuche mit anderen Rahmenfarben. E 10 384 bekam einen hellgrauen Rahmen, E 10 383 einen mittelgrauen und E 10 340 einen dunkelgrauen. *Foto: Slg. M. Dahlbeck*

Mitte der 1980er-Jahre wählte die DB »orientrot« als Farbe für ihre Lokomotiven aus. Waren bisher Loks und Wagen im gleichen beige/ozeanblauen Anstrich gehalten, wurde nun wieder zwischen Loks und Wagen unterschieden. 110 451 behielt diesen Anstrich bis in die Zeit der DB AG, wie das neue DB-Logo beweist. *Foto: Dr. B. Domagalski*

Um die dunklen Lokomotiven bei schlechten Sichtverhältnissen besser erkennbar zu machen, bekamen 110 365 und 110 477 unterschiedliche Kontrastflächen auf den Stirnseiten. 110 365 hatte ein auf der Spitze stehendes Dreieck, 110 477 zwei waagerechte Streifen. *Foto: Slg. M. Dahlbeck*

Mit einem Eilzug wartet E 10 384 in Frankfurt (Main) Hbf auf Ausfahrt. Sie hatte zwischen dem hellgrauen Rahmen und dem hellen Absetzstreifen noch einen schmalen, dunklen Streifen. *Foto: Eisenbahnstiftung*

In den 1970er-Jahren löste das beige/ozeanblaue Farbschema bei der DB die alten Anstriche ab. Nahezu alle Fahrzeuge wurden nun so lackiert. Am 6. Januar 1985 zieht 110 172 den D 481 »Schweizerland« südlich von Böblingen in Richtung Schweiz.

Zum Jubiläum »150 Jahre Deutsche Eisenbahnen« bekamen zahlreiche DB-Loks einen Aufkleber. Unter ihnen war auch die erste Serien E 10. Am 24. Januar 1985 rangiert 110 101 an ihren Zug. Der Lokführer auf 110 222 genießt die Strahlen der Wintersonne.

Foto: M. Dahlbeck

110 169 gehört inzwischen zu DB Systemtechnik und wird vor Messzügen eingesetzt. Von außen weisen große Aufschriften auf den Eigentümer hin. Am 2. April 2009 macht die Lok in Aachen Hbf eine Pause.

Foto: Dr. B. Domagalski

Letzte und zugleich aktuelle Farbe der 110 ist der Anstrich in »Verkehrsrot«. Er unterscheidet sich durch den grauen Rahmen und die geänderte Form der Kontrastfläche vom »Orientrot«. 110 186 begegnet am 4. März 2002 in Dortmund Hbf mit einem Nachtzug dem Fotografen.
Foto: Slg. J. Stender

für ein zweifarbiges Anstrichschema. Die Brüstungen dieser Wagen wurden kobaltblau lackiert und die Fenster mit einem cremefarbenen Bereich davon abgesetzt. Um auch hier wieder ein einheitliche Zugbild zu erreichen, lackierte man die für diese Züge vorgesehenen Loks der Baureihe E 10 nach demselben Schema.

Mitte der 1960er-Jahre wurden Rheingold und Rheinpfeil in TEE-Züge umgewandelt. Schon in den 1950er-Jahren hatten sich die am TEE-Verkehr teilnehmenden Staaten auf ein länderübergreifendes Farbkonzept für diese Züge geeinigt. Mit der Umwandlung bekamen auch die Wagen und zugehörigen E 10 diesen Anstrich, der einen Lok- oder Wagenkasten mit roter Brüstung und cremefarbenen Fensterband vorsah.

Die »normalen« E 10 wurden weiterhin blau lackiert, es gab nur kleinere Änderungen. So wechselte die Dachfarbe Mitte der 1960er-Jahre in ein Graubraun, später wurden die Loks ohne Dachrinnen ausgeliefert und der äußere Dachbereich wurde ebenfalls blau lackiert.

Der schwarze Rahmen der E 10 war schmutzanfällig, sodass die Loks öfter gewaschen werden mussten, damit sie ihr elegantes Äußeres nicht verloren. Um dies zu verhindern unternahm man Versuche mit grauen Rahmen. So wurde die E 10 340 mit einem dunkelgrauen Rahmen geliefert. Die E 10 383 bekam einen mittelgrauen und die E 10 384 einen hellgrauen Rahmen. Leider brachten diese Anstrichvarianten nicht den gewünschten Erfolg und man kehrte zum schwarzen Rahmen zurück.

Mit den blauen Loks ergaben sich immer wieder Situationen, besonders bei schlechtem Wetter oder in der Dämmerung, in denen andere Verkehrsteilnehmer die dunklen Loks nicht rechtzeitig erkannten und sich somit in Gefahr brachten. Deshalb bekamen zwei Loks helle Kontrastflächen an den Stirnseiten. Bei der E 10 365 war dies ein auf die Spitze gestelltes Dreieck, das unter den Fenstern begann und über den Rahmen bis zum Kupplungshaken hinunterreichte. Diese Lok hatte an den Stirnseiten keine Nummer und kein DB-Emblem. Bei der E 10 477 wurden rechts und links des DB-Emblems je zwei waagerechte Streifen angebracht, die bis unter die seitlichen Führerstandsfenster reichten. Die Kontrastflächen setzten sich nicht durch. Außer diesen beiden gab es keine weiteren Versuche.

Mitte der 1970er-Jahre führte die Deutsche Bundesbahn das beige/ozeanblaue Farbschema ein, in das auch die E 10 übernommen wurden. Wie beim Rheingold-Anstrich wurde der Aufbau wieder in einen blauen Rahmen und einen beigefarbenen Kasten unterteilt. Allerdings handelte es sich diesmal um eine ozeanblaue Lackierung. Die Dächer wurden beigefarben lackiert.

Zum 150-jährigen Jubiläum der Eisenbahn in Deutschland bekamen einige 110 neben den rechten Einstiegstüren einen Aufkleber, der auf das Jubiläum hinwies. Die Aufkleber wurden später wieder entfernt.

Das nächste Farbkonzept ereilte die Loks in der zweiten Hälfte der 1980er-Jahre. Ein einheitlicher, orientroter Anstrich löste den zweifarbigen ab. Man gab die Trennung zwischen Rahmen und Kasten also auf. Dafür griff man die weiße Kontrastfläche wieder auf und lackierte den Loks ein breites, in der Mitte nach unten gezogenes Band unter die Stirnfenster. Auch hier wurden die Dächer mit in die Kastenlackierung einbezogen. Dies ließ die Loks optisch erheblich kürzer und uneleganter wirken.

Bei allen bisher vorgestellten Anstrichvarianten wurden die Stromabnehmer und die Dachleitungen rot lackiert.

Das vorläufig letzte Farbkonzept wurde ab dem Jahr 2000 an den Loks realisiert. Der Aufbau hat nun einen grauen Rahmen, einen verkehrsroten Kasten und ein verkehrsrotes Dach. Dem Sicherheitsaspekt wurde ähnlich wie bei der E 10 477 mit je einem weißen Balken rechts und links des DB-Logs Rechnung getragen. In diesem Anstrichschema sind graue Dachleitungen und Stromabnehmer vorgesehen.

Einen ganz besonderen Anstrich tragen die Maschinen der Lokomotion Gesellschaft für Schienentraktion mbH. Wie die neueren Loks diese Bahngesellschaft haben auch die 139 177, 139 213 und 139 216, die aus Loks der Baureihe 110 entstanden sind, einen weißen Lokkasten, der hinter dem Führerstand 2 von einem breiten, senkrechten, schwarzen Streifen unterbrochen ist. Blaue Streifen zieren die Seitenwände. Sie haben den Loks den Namen »Zebra« eingebracht. An den Stirnwänden und im schwarzen Absetzstreifen prangt das Lokomotion-Logo.

3.2 Werbeloks

Seit einigen Jahren präsentiert die DB immer wieder sogenannte Werbe-Lokomotiven. Dafür werden Loks unterschiedlicher Baureihen mit kommerziellen Werbungen aber auch mit Logos und Farben zu aktuellen Themen und Ereignissen versehen. Diese bestehen meist aus Klebefolien, die nach einer gewissen Zeit wieder abgezogen werden. Dann kommt der ursprüngliche Anstrich der Lok wieder zum Vorschein. Auch der Baureihe 110 blieben solche Aktionen nicht erspart.

Den Anfang machte im März 1996 die 110 487. Sie wurde mit Motiven aus der Sendung mit der Maus beklebt und zog drei ebenfalls zu diesem Thema dekorierte Reisezugwagen bis Anfang April 1996 von Köln aus quer durch Deutschland. Anlass für diese Tour war das 25. Fernsehjubiläum der Sendung mit der Maus.

Danach gab es fast zehn Jahre lang keine 110 mehr in Sonderlackierung. Erst im Frühjahr 2005 bekam die 110 169 eine Werbeaufschrift. DB Systemtechnik Minden hatte entschieden, ihre Versuchsloks nach außen hin kenntlich zu machen. So bekam die 110 zusammen mit den 120 501 und 120 502 den Schriftzug »Bahntechnik mit Kompetenz, DB Systemtechnik« und einen Aufkleber, der mehrere Puzzle-Teile darstellt.

Im Herbst desselben Jahres folgte die 110 511 der DB Fahrzeuginstandhaltung Dessau. Sie bekam einen weißen Lokkasten mit roten Absetzstreifen und entsprechenden Aufschriften. Die Maschine wird als Ersatz zur Verfügung gestellt, wenn eine zur Ausbesserung ins Werk gekommen Lok nicht termingerecht zurückgegeben werden kann. Sie kann aber auch angemietet werden, ist also bundesweit im Einsatz.

Nach diesen beiden Werksmaschinen wurde wieder eine 110 mit kommerziellen Werbefolien beklebt. Diesmal bekam die 110 325 eine zweifarbige Werbung, die das Reisebüro Ameropa, ein Tochterunternehmen der DB, bestellte. Eine Hälfte der Lok war komplett weiß, die andere hellblau. Die Fassaden alter Tübinger Stadthäuser zierten die blauen Seitenwände. Die Lok war mit mehreren Ausstellungswagen und einigen Flachwagen mit großen Werbeplakaten in ganz Deutschland unterwegs. Nach dem Ende der Werbekampagne, die im Sommer 2007 stattfand, behielt die Lok zunächst die Folien und war vor Plan- und Sonderzügen im Einsatz. Erst Ende Januar 2008 wurden die Folien entfernt. Die Lok diente später ein zweites Mal als Werbeträger, nämlich vor dem Science Express.

Zuvor bekam die 110 243 auf den Seitenwänden große Auf-

Nur wenige Wochen warb 110 487 für die Sendung mit der Maus. Foto: R. Wiemann

Zwischen September 2007 und Februar 2008 trug 110 243 Werbung für Wärmepumpen von Stiebel Eltron. Die Lok behielt ihren verkehrsroten Anstrich, allerdings wurden die weißen Kontrastflächen an den Stirnseiten entfernt. Foto: Ch. Schröfl

110 511 gehört der DB Fahrzeuginstandhaltung Dessau. Sie wird den Kunden des Werks als Ersatz zur Verfügung gestellt, wenn eine zur Ausbesserung gekommene Lok nicht termingerecht zurückgegeben werden kann. Am 12. März 2011 zieht die Lok einen Güterzug durch Oberrothenbach. *Foto: S. Bürgel*

Bei 139 177 handelt es sich um die ehemalige 110 177, die Drehgestelle von einer 140 bekam und somit wegen der elektrischen Bremse in 139 umgezeichnet wurde. Die Lok wurde inzwischen von Lokomotion übernommen und bekam den für dieses Unternehmen typischen Anstrich. Am 22. August 2011 fährt sie als »Schlusswagen« an einem Güterzug durch Ulm Hbf. *Foto: M. Dahlbeck*

kleber, mit denen sie zwischen September 2007 und Februar 2008 für Wärmepumpen von Stiebel Eltron warb. Die Lok behielt dabei ihren verkehrsroten Anstrich, allerdings wurden die weißen Kontrastflächen an den Stirnseiten entfernt. Auch die angehängten Ausstellungswagen bekamen einen roten Anstrich.

Der bunte KIKA-LIVE-Express, ein Werbezug des zugehörigen Fernsehsenders war von März 2008 bis Mai 2008 auf den Gleisen der DB unterwegs. Dafür bekam die 110 321 die gleichen bunten Klebefolien wie die zugehörigen Ausstellungswagen.

Das Jahr 2009 wurde von der Bundesregierung zum Jahr der Wissenschaft erklärt. Dies sollte unter anderem durch den Ausstellungszug »Expedition Zukunft« bekannt gemacht werden, der innerhalb von sieben Monaten in mehr als 60 deutschen Städten Station machte. Der Science Express begann seine Reise am 23. April 2009 im Berliner Hauptbahnhof. Die zwölf nach verschiedenen Themen geordneten Ausstellungswagen sollten einen Blick in die Zukunft ermöglichen. Sie gingen verschiedenen Fragen nach, zum Beispiel »Wie leben wir in zwanzig Jahren? Wohin entwickeln sich Wissenschaft und Technik? Welche Zukunftstechnologien gibt es schon heute?« Die 110 325 und 110 329 waren die Zugloks der Garnitur. Sie wurden wie die Wagen mit farbigen Kreisen und Ovalen auf weißem Grund beklebt. Nach dem Ende der Tour wurden die beiden Loks mit dieser Beklebung im Plandienst eingesetzt, am 26. April 2010 (110 325) und 18. Januar 2011 (110 329) ausgemustert und mit der Beklebung verschrottet.

Zwischen Oktober 2010 und Februar 2011 mietete AEG einen Ausstellungszug. Die Wagen und die zugehörige 110 457 bekamen eine Beklebung mit braungrünen Folien. An den Seiten hatte die Lok Werbeaufschriften. Auf den Stirnseiten trug sie weder Nummern noch Eigentums-Kennungen. Die Lok wurde nach ihrem Werbeeinsatz wieder entklebt und dann wieder in Verkehrsrot im Einsatz.

Derzeit letzte Werbelok ist die 115 509 (ex 110 509) von DB AutoZug. Die grau/rote Lok erinnert an das Jubiläum »80 Jahre Auto im Zug«. Die Beklebung zeigt auf beiden Längsseiten einen alten Rennwagen. Die Stirnseiten zieren Zielfahnen, wie sie bei Autorennen benutzt werden. Die Beklebung wurde vom Modellbahnhersteller Roco mitfinanziert, dessen Logo unter den seitlichen Fenstern am Führerstand 2 klebt. Passend zur großen Lok gibt es deshalb auch ein Modell im Maßstab H0.

Der bunte KIKA-LIVE-Express war von März 2008 bis Mai 2008 auf den Gleisen der DB unterwegs. Dafür bekamen 110 321 und drei Ausstellungswagen bunte Klebefolien. Foto: Ch. Völk

110 325 und 110 329 dienten im Sommer 2009 als Zugloks des »Science Express«. Später waren die Loks vor Planzügen anzutreffen, bis sie mit der Beklebung ausgemustert wurden. Die 110 329 fährt am 7. April 2010 mit einem InterCity aus Zürich in Stuttgart ein. Foto: Th. Estler

115 509 erinnert an das 80-jährige Jubiläum »Auto im Zug«. Am 20. Januar 2012 bringt sie IC 282 nach Stuttgart Hbf. Foto: M. Dahlbeck

4.

Beschaffung und Einsatz

Fallweise mussten die E 10 auch vor Nahverkehrszügen aushelfen. Hier zieht E 10 122 den P 1270 zwischen Oberwesel und Bacharach den Rhein entlang. *Foto: C. Bellingrodt (Slg. Dr. D. Hörnemann)*

Vor der Kulisse der HOAG zieht E 10 130 am 15. März 1960 einen Eilzug nach Oberhausen Hbf. Heute steht hier ein Einkaufszentrum.
Foto: Willi Marotz (Slg. Eisenbahnstiftung)

4.1 Beschaffung der Prototypen

Die Zeit der E 10 auf den Gleisen der Deutschen Bundesbahn begann im August 1952, als die E 10 001 ihre ersten Fahrversuche vor den Werkstoren von Krauss-Maffei in München-Allach unternahm. Damals hatte die Lok allerdings noch nicht ihren eleganten blauen Anstrich, sondern war im hellgrauen Grundieranstrich unterwegs, auch die Schilder fehlten noch. Am 1. November wurde die fertige Lok offiziell an die Bundesbahn übergeben. Die erste Abnahmefahrt fand am 7. November 1952 unter der Regie der DB auf der Strecke von München-Freimann nach Freilassing statt. Nachdem einige Mängel behoben worden waren, übernahm die DB die Lok dann Anfang Januar 1953. Parallel dazu wurden auch die E 10 002 bis E 10 004 fertig gestellt und der Bundesbahn übergeben, sodass zu Beginn des Jahres 1953 vier Maschinen zur Verfügung standen. Im Frühjahr 1953 folgte die E 10 005. Zu dieser Zeit wurde die E 10 002 bereits wegen größerer Probleme zur Nachbesserung an den Hersteller zurückgegeben. Erst ab Mai 1953, als diese Maschine erneut von der DB abgenommen worden war, standen

E 10 186 rangiert am 24. Juli 1962 in Esslingen einen ET 25 auf ein anderes Gleis. *Foto: O. Blaschke*

alle fünf Versuchsmaschinen zur Verfügung. Zunächst durfte die E 10 002 aber nur bis zu einer Geschwindigkeit von 100 km/h eingesetzt werden, weil noch Änderungen an den Drehgestellen ausstanden. Diese wurden im Sommer 1953 ausgeführt, so dass die Lok nun für 130 km/h zugelassen werden konnte.

Mit Urlauber-Sonderzügen kamen E 10 bis in den Grenzbahnhof Brenner zwischen Österreich und Italien. Eine »Bügelfalten«- und eine Kasten-Lok fahren 1966 mit einem schweren Schnellzug in den Bahnhof ein. *Foto: J. Krantz*

Während die E 10 001, E 10 002, E 10 004 und E 10 005 in München beheimatet wurden, kam die E 10 003 zunächst nach Nürnberg. Die Loks E 10 001 bis E 10 004 waren für Versuchsfahrten vorgesehen. Die E 10 005 sollte sofort im Plandienst eingesetzt werden.

Auf der Deutschen Verkehrsausstellung, die im Sommer 1953 in München stattfand, wurden abwechselnd die E 10 001, E 10 002 oder die E 10 004 dem Publikum gezeigt. Nach dem Ende der Ausstellung begannen im September 1953 die Mess- und Untersuchungsfahrten. Dabei wurden die Loks bevorzugt auf die Strecke von Freilassing nach Berchtesgaden und über die Geislinger Steige geschickt, aber auch eine Fahrt über die Arlberg-Westrampe gehörte mit zum Programm.

Während diesen Fahrten zeigen sich noch zahlreiche Mängel und Unzulänglichkeiten, die beseitigt werden mussten, sodass die Loks in ihren ersten Jahren viel Zeit im Ausbesserungswerk München-Freimann verbrachten. Deshalb lagen die Kilometerleistungen zunächst nur bei 20.000 km bis 30.000 km pro Monat. In dieser Zeit gab es für die Loks noch keinen eigenen Umlaufplan. Wurden sie nicht für Messfahrten gebraucht, liefen sie in den Umläufen der Baureihe E 18 mit.

Im Oktober 1954 wurde die Verbindung zwischen Würzburg und Nürnberg auf elektrischen Betrieb umgestellt. Dafür wurden in Nürnberg elektrische Lokomotiven benötigt. Die Bahn entschied alle fünf E 10 in Nürnberg zu beheimaten. Im Sommerfahrplan 1955 hatten die E 10 erstmals einen eigenen Umlaufplan, in dem die Loks zwischen Regensburg und Würzburg unterwegs waren. Während dieser Zeit wurden öfter Lokomotiven für Messfahrten oder Ausstellungen benötigt, auch gab es immer Ausfälle, sodass Elloks anderer Baureihen in den E 10-Plänen aushelfen mussten.

4.2 Die ersten Serienloks

Ab 1956 ergänzten die ersten Serienloks E 10^1 die kleine Flotte der Vorserien E 10^0. Die sieben Loks wurden zwar in diesem Jahr von der Industrie geliefert, gingen allerdings erst 1957 bei

Ausfahrt des TEE Rembrandt nach Amsterdam aus Stuttgart Hbf. Zuglok ist die in Heidelberg beheimatete E 10 118.

Foto: O. Blaschke (Slg. J. Krantz)

der DB in Betrieb. Im Laufe des Jahres wurden weitere E 10[1] geliefert, sodass die Bahn Ende 1957 insgesamt 34 Loks dieser Baureihe zur Verfügung standen. Im selben Jahr wurden die elektrischen Lücken auf der Rheintalstrecke geschlossen, nun konnten Elloks von Frankfurt (Main) bis Basel eingesetzt werden. Auch zwischen Frankfurt (Main) und Aschaffenburg konnte nun elektrisch gefahren werden. Das elektrische Streckennetz hatte inzwischen eine Länge von mehr als 2.600 km. Am 4. Juli 1957 bespannte die E 10 101 den Eröffnungszug zwischen Karlsruhe und Offenburg. Beheimatet wurden die E 10 in Offenburg (E 10 101 bis 104, 107 bis 109, 111, 132 bis 134 und 152 bis 155), Heidelberg (E 10 105, 106, 110, 112 bis 115, 168 und 169) und Frankfurt (Main) (E 10 135, 136, 151 bis 161). Mit den E 10 162 und 163 kamen zwei Maschinen nach Stuttgart. Allerdings blieben die Loks aber nicht bei den oben genannten Betriebswerken, noch 1957 wurde mehrmals zwischen den Werken hin und her getauscht. Das Haupteinsatzgebiet sollte die Rheinstrecke werden.

Zu Beginn den Jahres 1958 war die Verbindung zwischen Nürnberg und Frankfurt (Main) durchgehend elektrifiziert und konnte von den E 10 bedient werden. Dabei kamen sowohl Vorserien-Maschinen als auch Serienloks zum Einsatz. Eine weitere wichtige Magistrale der E 10 wurde die Verbindung zwischen Frankfurt (Main) und Stuttgart, außerdem erweiterte sich das Einsatzgebiet der E 10 nach Norden. Entlang des Rheins konnten die Züge nun bis Bonn elektrisch fahren. Dafür beheimatete die DB die E 10 122, 123, 125, 127 bis 131, 142 bis 151, 194 und 201 bis 210 in Koblenz. Einige der Maschinen wurden noch im gleichen Jahr übergangsweise nach Mainz umstationiert. Ende 1958 waren von den 112 Serienloks zwölf in Mainz beheimatet. Die anderen verteilten sich auf die Betriebswerke Dortmund Bbf (3 Loks), Frankfurt (Main) 1 (20 Loks), Heidelberg (41 Loks), Karlsruhe Hbf (3 Loks) und Stuttgart (17 Loks). In den ersten beiden Einsatzjahren waren die Kilometerleistungen der E 10[1] noch recht gering, dies lag unter anderem an Problemen und Schäden, die an den neuen Loks auftraten. Oft mussten Ersatzloks gestellt werden.

1959 elektrifizierte die DB vor allem Lücken, die die einzelnen Teilnetze zusammenwachsen ließen. Am Ende des Jahres waren etwa 3.460 km Gleise mit Fahrdraht überspannt. Wichtige neue Strecken waren dabei Köln – Düsseldorf und Regensburg – Passau. Es wurden also nicht viele neue Elloks benötigt. Die vorhandenen Loks konnten aber über längere Strecken an den Züge bleiben. Die Laufleistungen der E 10 erhöhten sich deutlich. Sie erreichten oft um die 30.000 km im Monat, dabei wurden Langläufe zwischen Dortmund und Freilassung von knapp 900 km gefahren. Als Neuzugänge sind für 1959 sind nur E 10 207 zum Bw Koblenz sowie E 10 214 und E 10 215 beide zum Bw Frankfurt (Main) zu vermelden. Allerdings wurde der Bestand neu geordnet. Zum ersten Mal wurden Loks der Baureihe E 10

Die Arbeiterzüge zum Mercedes-Benz-Werk in Sindelfingen waren Anfang der 1980er-Jahre mit Loks der Baureihen 110, 141 oder 144 bespannt. Hier überquert 110 177 mit einem Leerzug die Autobahn A 81 zwischen Böblingen und Sindelfingen. Foto: M. Dahlbeck

Lokzug zum Betriebswerk Hamburg-Eidelstedt. Am 6. August 1981 zieht eine 103 die abgebügelten 110 382 und 112 502 ins Betriebswerk. Foto: M. Dahlbeck

Anfang der 1980er-Jahre war 110 440 ohne DB-Emblem an der Stirnseite unterwegs, was der Lok ein eigentümliches Aussehen gab. Am 9. Juni 1982 verlässt sie mit einem Nahverkehrszug die Hohenzollern-Brücke in Richtung Köln Hbf. Foto: M. Dahlbeck

110 196 hat den kurzen Tunnel bei Ersingen verlassen und zieht den E 3010 auf der Kbs 770 weiter nach Karlsruhe. *Foto: M. Dahlbeck*

in Dortmund Bbf beheimatet, das über die elektrische Verbindung Köln – Düsseldorf mit dem südlichen Netz verbunden war. Auch Köln-Deutzerfeld bekam die Baureihe E 10. Zum Ausgleich wurde die Beheimatungen in Koblenz-Mosel und Mainz aufgegeben.

4.3 Die Blütezeit der E 10

1960 wuchs das Netz der elektrifizierten Strecken zwar um mehr als 300 km, mit E 10 216 und E 10 217 kamen nur zwei neue Loks dieser Baureihe zur DB. Sie wurden in Stuttgart beheimatet. Somit stieg der Bestand bis Ende 1960 auf 117 Serien-Loks an. Allerdings wurde der Bestand immer weiter nach Norden verlegt. So waren in Dortmund nun 13 und in Köln 24 Loks beheimatet.
Ab Anfang der 1960er-Jahre fuhren die Vorserien-E 10 von Nürnberg aus auch nach Coburg. Sie waren aber nach Schäden oft lange in den Ausbesserungswerken abgestellt, weil Ersatzteile nicht zur Hand waren und erst langwierig angefertigt werden mussten. So war E 10 002 das ganz Jahr 1960 abgestellt. E 10 003 war sogar von Herbst 1960 bis Anfang 1966 außer Betrieb. Dies war einer der Gründe dafür, dass die Vorserie ab Mitte der 1960er-Jahre aus dem hochwertigen Reisezugdienst abgezogen wurde. Die E 10^0 hatten nun mehr und mehr Eil- und Nahverkehrszüge zwischen Nürnberg und Probstzella zu ziehen. Aber auch Coburg, Bamberg und Treuchtlingen gehörten zu den Wendebahnhöfen. 1967 erreichten die Loks Frankfurt (Main) Hbf nur noch mit dem D 683.

Mit einem langen Schnellzug fährt 110 236 am 20. November 1982 auf der Kursbuchstrecke 900 bei Unterfahlheim in Richtung München. *Foto: M. Dahlbeck*

110 146 war eine der letzten blauen E 10 mit großen Lampen, waagerechten Lüfterlamellen und grauem Dach. Allerdings sind die UIC-Griffe und -Tritte bereits nachgerüstet. Der fehlende weiße Streifen an den Stirnseiten weicht von der Regellackierung ab. Foto: M. Dahlbeck

Mit dem Sonderzug D 13016 steht 110 245 am 1. April 1984 abfahrbereit in Dortmund Hbf. Hinter der Lok ist ein Liegewagen mit großen Vorzugsabteilen in der Mitte eingereiht. Foto: S. Baumeister

1961 stockte die Bahn den Bestand an E 10 um 21 Lokomotiven auf 138 Maschinen auf. Dies war notwendig geworden, weil in diesem Jahr mit dem Abschnitt Hanau – Fulda ein erstes elektrifiziertes Teilstück der Nord-Süd-Verbindung in Betrieb ging. Dabei konnte die DB bei Wächtersbach ihren 4.000sten elektrifizierten Steckenkilometer in Betrieb nehmen. Auf der rechten Rheinstrecke machte die Elektrifizierung ebenfalls Fortschritte. Nun konnten auch zwischen Oberhausen und Dortmund Elloks fahren. Außerdem wurde die Verbindungen zwischen Frankfurt (Main) und Wiesbaden sowie zwischen Wiesbaden und Oberlahnstein elektrifiziert. Der erhöhte Bedarf an Schnellzugloks wurde mit den neuen E 10 218 bis E 10 238 gedeckt, die noch mit dem herkömmlichen Kasten geliefert wurden. Einige Loks erreichten nun planmäßig tägliche Laufleistungen von über 1.000 km. Außerdem gab es vereinzelt Langläufe von knapp 900 km ohne Lokwechsel.

Berühmtes Fotomotiv an der Strecke Treuchtlingen – Ingolstadt ist die Einfahrt von Dollnstein. Am 12. August 1983 passiert 110 166 mit dem E 3242 das Einfahrsignal. *Foto: M. Dahlbeck*

Wintereinsatz für 110 168. Im Schneegestöber verlässt die Lok am 2. April 1984 mit dem D 918 den Bahnhof von Finnentrop. *Foto: S. Baumeister*

Auch in Konstanz hat der Winter Einzug gehalten. Am 5. Januar 1985 stehen die deutsche 110 180 und eine schweizerische Ae 4/7 nebeneinander. *Foto: Slg. M. Dahlbeck*

Für die geplante Einführung des neuen Rheingold im Jahr 1962 ließ die Bundesbahn aus den bewährten E 10 neue, 160 km/h schnelle Loks entwickeln. 1961 gab es dafür schon zahlreiche Design-Entwürfe, die unterschiedliche Formen und Farbgebungen der neuen E 10^{12} zeigten. Als die Entscheidung für eine Variante gefallen war, wurde ein 1:1-Modell gefertigt, nach dem sich die Lokomotivhersteller zu richten hatten. Weil die E 10^{12} für die Einführung des Rheingold 1962 nicht rechtzeitig fertig wurden, baute man E 10 239 bis E 10 244 für eine Höchstgeschwindigkeit von 160 km/h um. Die Loks bekamen den zu den Wagen passenden zweifarbigen Anstrich und die Loknummer wurde in E 10 1239 bis E 10 1244 geändert. Nachdem die »Bügelfalten«-Loks E 10 1265 bis E 10 1270 für den Rheingold abgeliefert waren, wurden die Kastenloks wieder zurückgebaut, mit dem blauen Regelanstrich versehen und die Ordnungsnummer um 1.000 herabgesetzt. Außer den fünf »Bügelfalten«-Loks beschaffte die DB in diesem Jahr die E 10 245 bis E 10 249 und die E 10 261 bis E 10 264, die wieder den alten Kasten erhielten.

Der Rheinpfeil wurde im Sommer 1963 analog zum Rheingold auf das neue Wagenmaterial umgestellt. Damit benötigte die Bahn auch für diesen Zug die 160 km/h schnelle E 10^{12}. Wieder gab es Probleme mit der Fertigstellung der schnellen »Bügelfalten«-Loks und wieder wurden E 10^{1} provisorisch um-

Zwischen Rottweil und Thalhausen führt die Gäubahn durch einen kurzen Tunnel, den 110 294 am 25. Mai 1985 mit dem E 3329 Richtung Süden verlässt. *Foto: M. Dahlbeck*

Bei Plettenberg bespannt 110 159 am 21. September 1985 den D 816. Bis auf das blaue Dach und die UIC-Griffe ist die Lok noch im Originalzustand. *Foto: M. Dahlbeck*

gebaut. Diesmal bekamen E 10 250 bis E 10 254 die neuen Getriebe und die zweifarbige Lackierung. Allerdings verzichtet man darauf, die Ordnungsnummer zu erhöhen. Ab Ende 1963 wurden die für den Zug vorgesehenen E 10 1308 bis E 10 1312 ausgeliefert und die »Kasten«-Loks wieder der Serie angepasst. 1962 bekam München seine ersten Serien-E 10 für die Beförderung von Zügen zwischen München und Nürnberg. Die Loks wurden bald auch vor Schnellzügen nach Stuttgart und in Richtung Österreich eingesetzt. Nach Stuttgart lösten sie die schwächeren Schnellzug-Loks der Baureihe E 18 ab. Somit mussten die Züge auf der Geislinger Steige nicht mehr nachgeschoben werden.

Die nächsten beiden Jahre waren relativ ruhig in Bezug auf die E 10. Die DB erweiterte kontinuierlich ihr elektrisches Streckennetz und zwischen Wanne-Eickel und Haltern wurde der 5.000ste Streckenkilometer elektrifiziert. Der Bestand an E 10

Auch auf der Moselstrecke sind die Loks der Baureihe 110 zu Hause. Hier zieht die beige/ozeanblaue 110 349 am 20. August 1987 den D 2254 durch die Weinberge bei Hatzenport. Foto: M. Dahlbeck

Um die durch einen Unfall 1985 ausgeschiedene 110 477 zu ersetzen, wurde 139 134 in 110 511 umgebaut. Die Aufnahme der Lok entstand am 11. Mai 1987 zwischen Ludwigsburg und Bietigheim-Bissingen bei Tamm. Foto: M. Treutler

Ein Nadelöhr auf der Strecke Stuttgart – Ulm ist die Geislinger Steige. Während 110 293 den E 3413 am 21. August 1987 nach oben schleppt, kehrt die Schiebelok 194 044 nach Geislingen zurück.
Foto: M. Dahlbeck

In Oberwesel steht der Ochsenturm, ein Teil der Stadtbefestigung. Direkt daneben führt die Bahnlinie vorbei auf der 110 304 am 27. August 1987 mit dem N 3545 das markante Bauwerk passiert.
Foto: M. Dahlbeck

nahm 1963 um 30 Kasten-Maschinen und vier E 10^{12} zu. Dazu kamen die ersten 21 Maschinen der Unterbaureihe E 10^{3} mit dem »Bügelfalten«-Kasten. 1964 folgten 41 E 10^{3} und die letzten beiden E 10^{12} für den Rheinpfeil.
Wichtigste Maßnahme zur Erweiterung des Einsatzbereichs war die Elektrifizierung der Verbindungen zwischen Eichenberg und Kassel sowie zwischen Hannover und Bremen. Nun konnten die Züge mit den E 10 vom Süden Deutschlands bis in den Norden gebracht werden. 1963 und 1964 waren deshalb E 10 in Hannover beheimatet, weil das dafür vorgesehene Betriebswerk in Seelze für die Unterhaltung von Elloks noch nicht ertüchtigt war. Zuerst musste der alte Dampflokschuppen abgerissen und eine neue Ellok-Halle gebaut werden. Bis diese Baumaßnahmen abgeschlossen waren hatte sich die DB aber entschieden, keine E 10 mehr in Seelze zu beheimaten. Seelze wurde Heimat für die Baureihe E 40 und E 41.

1965 hatte das elektrische Netz eine Länge von knapp 6.500 km erreicht. Neben den elf Rheingold- bzw. Rheinpfeil-Maschinen waren nun 289 blaue E 10 unterwegs. Mit dem Sommerfahrplan kamen die E 10 der DB erstmals planmäßig nach Österreich. In Langläufen fuhren Frankfurter Maschinen über Nürnberg und Passau bis nach Wien. Im Norden erreichte der Fahrdraht nun Hamburg und zwischen Treuchtlingen und Würzburg wurde die letzte elektrische Lücke geschlossen, die einem Durchlauf von Elloks zwischen München und Hamburg im Weg gestanden hatte. Das Bw Hamburg-Eidelstedt bekam 1965 für diese Aufgabe die fabrikneuen E 10 361 bis E 10 379 und die E 10 381 zugewiesen. E 10 380 ging nach Köln-Deutzerfeld. Außerdem wurde der komplette Bestand aus Hannover nach Hamburg umbeheimatet, sodass Hamburg-Eidelstedt nun mit 52 Maschinen eine E 10-Hochburg war. Hamburg setzte seine Loks aber nicht nur im Plandienst ein, sondern bespannte auch zahlreiche Urlauber-

In einer großen Kurve führt die Bahnlinie Freiburg – Basel um Schallstadt herum. Am 31. August 1987 zieht einen beige/ozeanblaue Kasten-E 10 den D 2703 in Richtung Süden. *Foto: M. Dahlbeck*

Sonder- und Turnuszüge in Richtung Süden. Teilweise fuhren die E 10 in Langläufen über 1.000 km bis in die Alpen. Im Rahmen von Austauschvereinbarungen zwischen der Deutschen Bundesbahn und den Österreichischen Bundesbahnen erreichten sie fallweise sogar am Brenner die italienische Grenze.

Die Top-Leistung der E 10 im Jahr 1965 war die Bespannung des TEE 55/56 »Blauer Enzian«, den Münchener Loks beförderten. Allerdings mussten die E 10 den Zug noch im gleichen Jahr an die vier neu gelieferten Prototypen der Baureihe E 03 abgegeben, die auch noch weitere Leistungen von den E 10 übernahmen.

Im gleichen Jahr wurde auch die Verbindung von Frankfurt (Main) über Gießen nach Hagen auf elektrischen Betrieb umgestellt. Wegen Umbauarbeiten im Betriebswerk Frankfurt (Main) Hbf und dem daraus resultierenden Platzmangel wurden 1964 bis 1966 einige E 10 in Frankfurt-Griesheim beheimatet, eigentlich ein Betriebswerk für Dieselloks und -triebwagen. Nach dem Ende der Umbaumaßnahmen kamen sie wieder ins Bw Frankfurt (Main) zurück.

In Heigenbrücken hat 110 457 den Anstieg in den Spessart bereits geschafft und fährt nun weiter in Richtung Gemünden. Am 3. September 1987 hat sie den Alpensee-Express am Haken.

Foto: M. Dahlbeck

Bei Zwingenberg am Necker führt die Bahnlinie Heilbronn – Heidelberg unterhalb der gleichnamigen Burg vorbei. Der kurze Zug erscheint mit seiner 110 beinahe wie ein Modell. *Foto: M. Dahlbeck*

Seltener Einsatz einer 110 vor einem Postzug. 110 435 zieht ihr vier Wagen am 11. März 1988 bei Tamm in Richtung Bietigheim-Bissingen. *Foto: M. Treutler*

1967 und 1968 zeichnete sich ein wirtschaftlicher Einbruch ab und es wurden weniger Streckenkilometer elektrifiziert als in den Vorjahren. Trotzdem kamen wieder zahlreiche E 10 zur DB. Mit E 10 482 nahm sie am 28. Dezember 1967 die letzte E 10 mit alter Nummer ab. Das Betriebswerk Nürnberg gab mit E 10 1308 bis E 10 1312 seine E 10^{12} nach Heidelberg ab, so dass diese Unterbaureihe nur noch in Heidelberg zuhause war. Ab dem 1. Januar 1968 wurde das Bezeichnungssystem der DB-Loks an die elektronische Datenverarbeitung angepasst. Damals war die EDV noch nicht in der Lage, Buchstaben zu verarbeiten. Deshalb mussten die Buchstaben in der Bezeichnung der Lokomotiven durch Ziffern ersetzt werden. So wurde das »E« der Elloks durch eine »1« ersetzt und das »V« der Dieselloks wurde zu einer »2«. Aus der Baureihe E 10 wurde die Baureihe 110. Auch mussten alle Nummern gleich viele Ziffern haben. Weil

110 197 passiert am 12. September 1987 die Formsignale und das Stellwerk von Vaihingen (Enz) Nord in Richtung Mühlacker. Inzwischen sind die Anlagen verschwunden und Vaihingen (Enz) hat einen modernen Bahnhof an der Schnellfahrstrecke Stuttgart – Mannheim.
Foto: M. Dahlbeck

110 126 war eine blaue Kasten-E 10 mit einem DB-Emblem auf der Frontseite. Hier ist sie am 22. Mai 1988 mit einem Schnellzug bei Betzdorf unterwegs.
Foto: Slg. M. Dahlbeck

Nochmals ein Postzug mit einer 110. 110 262 zieht die lange Wagenreihe am 14. Januar 1989 bei Karlsruhe-Durlach in Richtung Karlsruhe Hbf.
Foto: M. Dahlbeck

110 102 war kurzzeitig »Werbelok«, als sie Ende März 1989 für die Fernsehreihe »teletour« des Südwestfunks SWF unterwegs war. Am 30. März 1989 steht sie in Trier. *Foto: Slg. M. Dahlbeck*

Die ersten InterRegio-Züge zwischen Kassel und Konstanz wurden noch mit 110 bespannt, bevor sie von Frankfuter 111 übernommen wurden. Am 31. Mai 1989 fährt 110 168 mit IR 1775 in Karlsruhe Hbf ein. *Foto: M. Dahlbeck*

Nach der Elektrifizierung der Emslandtrecke kamen 110 auch bis nach Norden-Norddeich. 110 448 fährt am Stellwerk vorbei und setzt sich vor ihren Zug, der am Mole-Bahnsteig steht. Foto: M. Dahlbeck

1989 kam 110 385 zum BZA in Minden und wurde zu Versuchs- und Messfahrten eingesetzt. Sie wurde in 751 001 umgezeichnet und blieb bis Ende Oktober 1997 beim BZA. Danach wurde sie an DB Regio abgegeben und wieder in 110 385 zurückgezeichnet. Foto: Slg. J. Stender

Nachdem die Loks der Baureihe 112 in 114 umgezeichnet worden waren, wurden sie von Stuttgart aus eingesetzt. Hier zieht 114 487 am 29. Dezember 1992 den E 3709 über die Stahlbrücke bei Ehningen. Foto: M. Dahlbeck

Auch die Talgo-Nachtzüge wurden mit Loks der Baureihe 110 bespannt. Am 30. Mai 1994 bespannt die orientrote 110 251 einen solchen Zug bei Bonn-Mehlem. Foto: Dr. B. Domagalski

Doppelausfahrt am 17. Juli 1994 aus Karlsruhe-Durlach: 110 228 beschleunigt den E 3003 nach Stuttgart, Triebwagen 813 der AVG fährt auf der S 3 nach Bretten. Foto: M. Dahlbeck

man sich auf dreistellige Ordnungsnummern einigte, wurden bei den Ordnungsnummern der E 10^{12} kurzerhand die Tausender-Stellen gestrichen. Damit sich die schnellen Loks trotzdem in der EDV eindeutig von den »langsamen« unterscheiden ließen, zeichnete man die E 10^{12} in die Baureihe 112 um. Erste Lok mit der neuen Nummer war die 110 483-5 mit dem Abnahmedatum 25. Januar 1968.
In diesem Jahr, in dem die Bundesbahn ihren 8.000sten elektrifizierten Streckenkilometer auf der Strecke zwischen Bremen und Hamburg bei Buchholz feierte, kamen mit 110 483, 484, 110 505 und 506 nur vier Loks der Baureihe 110 zur DB. Zusätzlich wurden mit den 112 485 bis 112 504 noch 20 schnelle Maschinen abgeliefert und im Bw Frankfurt (Main) beheimatet. Im Gegensatz zu den ersten beiden Lieferserien der E 10^{12} wurden diese Loks der Baureihe 112 aber nicht mit den Henschel-Schnellfahrdrehgestellen geliefert, sondern mit modifizierten Regeldrehgestellen. Die Loks waren für die Bespannung schneller TEE- und D-Züge vorgesehen, bis diese Züge von den Serienloks der Baureihe 103 übernommen werden

Am 12. Oktober 1990 musste 110 294 für eine ausgefallene 103 einspringen. Bei Ölbronn zieht sie den IC 694 »Kieler Förde« von Stuttgart nach Heidelberg. Foto: M. Dahlbeck

110 178 zieht am 5. März 1995 den D 381 auf der Stuttgarter Panoramabahn vom Hauptbahnhof aus dem Tal in Richtung Böblingen.
Foto: M. Dahlbeck

1994 übernahm die Deutsche Bahn AG auch einige blaue 110. Die Loks behielten zunächst ihren Anstrich und bekamen nur das neue rote Logo. So fährt 110 184 mit dem RE 4007 durch Kornwestheim nach Stuttgart. Foto: M. Dahlbeck

Am 22. Oktober 1995 kam 110 179 zu Sonderzugehren. Zusammen mit 460 017 der SBB zog sie einen Sonderzug von Stuttgart zum Modellbahnhersteller Märklin nach Göppingen. Die Aufnahme entstand in Esslingen-Zell. Foto: M. Dahlbeck

konnten. Die erste davon, die 103 109 wurde im Juli 1970 in Betrieb genommen.

1969 kamen mit den 110 507 bis 110 510 die letzten Vertreter der Baureihe 110 zur DB. Zwar bestand noch Bedarf an weiteren Streckenloks in der Leistungsklasse der Baureihe 110, aber die Konstruktion der E 10 war zu diesem Zeitpunkt bereits 15 Jahre alt und trotz stetiger Anpassungen nicht mehr auf dem Stand der Entwicklung. Die Bahn entschloss sich deshalb, die Beschaffung der Baureihe 110 zu beenden und den Ellok-Bestand um eine neue Baureihe zu ergänzen. Allerdings kam die erste Lok der Baureihe 111 erst 1975 in den Bestand.

Zu dieser Zeit erlebten die Baureihen 110 und 112 ihre Blütezeit. Die durchschnittliche Laufleistung konnte von 860 Kilometer pro Tag auf 890 Kilometer pro Tag gesteigert werden. Die Loks bespannten die meisten Schnellzüge auf elektrifizierten Strecken. Nicht selten erreichten sie tägliche Laufleistungen von über 1.200 km. Die Spitzenleistung lag bei mehr als 1.450 km, die an einem Plantag von Frankfurter Loks der Baureihe 112 gefahren wurden.

Ab 1970 nahmen die Schäden an den Vorserien-Loks stark zu. Die Bundesbahn entschied, sich von den Loks zu trennen. 1970 wurde deshalb nur noch ein dreitägiger Umlauf erstellt, der unter anderem die D-Züge D 303 (Probstzella – Nürnberg) und D 867 (Nürnberg – Lichtenfels) enthielt.

Als erste Vorserienlok quittierte die 110 001 im April 1975 den Dienst, als letzte wurde die 110 005 im September 1978 aus dem Dienst zurückgezogen. Ab Sommer 1977 war für sie kein eigener Umlauf mehr aufgestellt worden. Stattdessen wurde sie mit in den Plänen der Nürnberger Loks der Baureihe 140 eingesetzt. Ihre Ausmusterung erfolgte dann am 30. August 1979. Damit war das Kapitel der aktiven Vorserien-E 10 bei der DB beendet.

Zum Glück wurden nicht alle Vertreter der Vorserie verschrottet. Zwar fiel die markante E 10 001 dem Schneidbrenner zum Opfer, E 10 002 wurde aber zum 100-jährigen Jubiläum des elektrischen Zugbetriebs 1979 äußerlich aufgearbeitet und auf der Ausstellung im AW München-Freimann in frischem Glanz gezeigt. Heute gehört sie zum Bestand des DB-Museums und ist in Lichtenfels hinterstellt. E 10 005 gehört ebenfalls dem DB-Museum, steht heute aber im Bayerischen Eisenbahnmuseum Nördlingen.

Am 9. Januar 1970 verunglückte E 10 433 an einem Bahnübergang zwischen Offenburg und Freiburg (Breisgau) bei Schutterwald. Bei diesem Unfall mit einem Tanklastzug brannte sie aus und wurde dabei sie so schwer beschädigt, dass sie als erste 110 ausgemustert werden musste. Als zweite Serien-110 schied 110 477 nach einem Unfall am 26. Mai 1983 bei Groß-Königsdorf aus dem aktiven Bestand aus. Weil sich eine Aufarbeitung nicht mehr lohnte, wurde sie am 31. März 1985 ausgemustert. Dieser Verlust machte sich aber so stark bemerkbar, dass die DB entschied, die 139 134, eine E 40 mit elektrischer Widerstandbremse, in eine Schnellzuglok umzubauen und als 110 511

Gut drei Monate war 110 233 erst verkehrsrot als sie am 29. April 1999 an der Blockstelle bei Stuttgart-Heslach in Richtung Böblingen vorbeifährt. Der Zug ist noch aus »Silberlingen« gebildet.
Foto: Slg. M. Dahlbeck

110 185 passiert am 31. August 1998 mit einem RegionalExpress die Formsignal-Gruppe im Bahnhof Horb in Richtung Süden.
Foto: Slg. M. Dahlbeck

Einen recht bunten Zug hat die am 3. September 1999 noch beige/ozeanblaue 110 159 am Haken. Die Lok war zu dieser Zeit in Köln beheimatet.
Foto: Slg. J. Stender

Wegen eines ausgefallenen Steuerwagens waren in diesen Regional-Express ein einstöckiger RegionalBahn-Wagen und 110 170 eingereiht. Am anderen Zugende hängt 111 163. Die Aufnahme entstand am 2. Juli 2000 in Amstetten (Württ.). Foto: M. Dahlbeck

einzureihen. Der Sonderling mit dem kastenförmigen Aufbau der 110[1] hatte nun die höchste Ordnungsnummer der Baureihe 110. In den nächsten Jahren blieb der Bestand an Maschinen der Baureihe 110 und 112 konstant, verunfallte Loks wurden wieder aufgebaut. Darunter auch 110 107 und 110 271, bei denen nach dem Unfall der kastenförmige Aufbau durch einen Lokkasten mit »Bügelfalte« ersetzt wurde.

4.4 Konkurrenz durch neue Baureihen

Mit dem zunehmend größer werdenden elektrischen Streckenetz vergrößerte sich zwar auch das Einsatzgebiet der 110, aber mit der Inbetriebnahme der Loks der Baureihe 103 mussten die 110 mehr und mehr hochwertige Leistungen an die 200 km/h schnellen Sechsachser abgeben. Besonders davon betroffen waren die Einsätze der 160 km/h schnellen Baureihe 112 vor TEE- und F-Zügen. Die Baureihe 103 wurde zunächst in Frankfurt beheimatet und in den Umlaufplänen der Baureihe 112 eingesetzt. Im Mai 1972 wurde alle Frankfurter Loks der Baureihe 112 nach Dortmund umbeheimatet. Die 145 Serienloks der Baureihe 103, die bis 1974 geliefert wurden, verdrängten die Vierachser immer weiter aus dem hochwertigen Schnellzugdienst. Die dadurch frei werdenden Maschinen der Baureihen 110 und 112 konnten für andere Dienste abgezogen werden und ersetzten ihrerseits zunehmend die Altbau-Schnellzugloks der Baureihen 116 bis 119.

1975 elektrifizierte die Bundesbahn ihren 10.000sten Streckenkilometer. Eine entsprechende Gedenktafel wurde am 28. August 1975 feierlich im Bahnhof Villingen enthüllt.

Im gleichen Jahr begann der Einsatz der Baureihe 111. Die Loks kamen zum Betriebswerk München Hbf und lösten dort die Baureihe 110 ab. Schon 1978 war keine 110 mehr in München zu Hause.

Einen starken Einbruch bei den hochwertigen Leistungen erlebten die Baureihen 110 und 112 im Jahr 1979, denn mit der Einführung des zweiklassigen und vertakteten InterCity-Systems wurden zahlreiche D-Züge zu InterCity-Zügen aufgewertet und von Loks der Baureihe 103 übernommen. Die 110 und die 112 wanderten zunehmend auf untergeordnete Hauptstrecken ab. Dort schritt die Elektrifizierung weiter voran. So wurde 1973 der elektrische Betrieb auf der Moselstrecke zwischen Koblenz und dem Saarland aufgenommen. Kurz darauf wurde auf der Strecke zwischen Neckarelz und Osterbrucken und weiter nach Würzburg die Oberleitung in Betrieb genommen. Auch auf der Schwarzwaldbahn führte die DB den elektrischen Betrieb ein und von Stuttgart aus erreichte der Fahrdraht Konstanz. Auf all diesen Strecken wurde die Baureihe 110 eingesetzt.

Die Bespannung der IC-Züge mit Loks der Baureihe 103 führte aber zu Engpässen beim Lokbestand. Fast alle 103 waren voll ausgelastet, so dass bei Ausfällen keine Reserveloks zur Verfügung standen. Deshalb zog die DB im Herbst 1979 alle Loks der Baureihe 112 in Hamburg-Eidelstedt zusammen, wo etwa 70 Loks der Baureihe 103 beheimatet waren. Im Gegenzug bekam Dortmund 31 Loks der Baureihe 110. So konnten beim Ausfall einer Hamburger 103 die IC-Züge mit einer 112 bespannt werden. Außerdem waren die Loks der Baureihe 112 planmäßig auf der kurzen IC-Linie 4a von Hannover nach Bremerhaven und Oldenburg im Einsatz. Wurden sie nicht als Ersatzloks benötigt, beförderten sie Schnell- und Eilzüge in Niedersachsen. Sie erreichten mit D-Zügen unter anderem Augsburg, Stuttgart und Aachen. Auch der IC 137 gehörte zwischen Aachen und Köln zu den Aufgaben der Baureihe 112.

In den 1970er-Jahren begann die Bundesbahn, die Loks der Baureihe 110 in wenigen Betriebswerken zusammenzuziehen. Dies vereinfachte die Ersatzteilhaltung. Ende 1979 waren die Serienloks dann nur noch in den Betriebswerken Hamburg-Eidelstedt, Dortmund, Frankfurt (Main), Köln-Deutzerfeld und Stuttgart beheimatet. Die laufenden Nummern, also die Bauserien mit ihren Unterschieden, waren allerdings bunt gemischt. Mitte der 1980er-Jahre wurden deshalb die Nummern und Bauserien in

Am 13. Juli 2000 begegnen sich 110 504 und ihrer Nachfolgerin im Regionalverkehr, die 143 114 in Stuttgart Hbf. Die ehemaligen DR-Loks haben in vielen Ballungsräumen den Dienst der Baureihe 110 übernommen. Foto: Slg. M. Dahlbeck

Einen typischen RegionalExpress der Jahrtausendwende zieht 110 130 am 15. März 2003 bei Bonn. Foto: Dr. B. Domagalski

Eine orientrote Bügelfalten-110 zieht am 14. August 2001 auf der Schwarzwald-Bahn ihren RegionalExpress an der markanten Stadtkulisse von Engen vorbei. Foto: Slg. M. Dahlbeck

110 256 war die einzige Kasten-110 ohne Seitenfenster und langen Klatte-Lüftern, die eigentlich für die »Bügelfalten«-Version vorgesehen waren. Zusammen mit 152 020 beschleunigt sie den RE 19607 am 17. März 2004 in Stuttgart Hbf. *Foto: M. Dahlbeck*

einem Ringtausch sortiert. Die niedrigen Nummern waren nun überwiegend in den Betriebswerken Köln, Frankfurt und Stuttgart zu finden, die 110 ab der Ordnungsnummer 360 waren fast alle in Dortmund oder Hamburg zu Hause.

Inzwischen machten sich das Alter und der anstrengende Dienst der Baureihe 110 bemerkbar. Darauf musste die DB mit entsprechenden Maßnahmen reagieren. Als erste traf es die 112 485 bis 112 504 mit den modifizierten Regeldrehgestellen. Die Höchstgeschwindigkeit von 160 km/h zehrte enorm an diesen Drehgestellen. Der Verschleiß war nun so groß, dass die Höchstgeschwindigkeit auf 140 km/h abgesenkt werden musste. Ab 1988 wurde diese Loks zur Unterscheidung als Baureihe 114 eingereiht. Die Ordnungsnummern blieben unverändert.

Zum 150-jährigen Jubiläum der Eisenbahn in Deutschland veranstaltete die Deutsche Bundesbahn in Nürnberg eine große

Drei Wagen sind keine schwere Last für 110 441, mit denen sie im Bahnhof von Bad Honnef auf Ausfahrt wartet. Foto: Dr. B. Domagalski

110 497 steht mit belgischen Reisezugwagen abfahrbereit im Bahnhof von Köln-Deutz. *Foto: Dr. B. Domagalski*

113 309 hat am 21. August 2005 in Murnau eine besondere Fuhre am Haken. Die Fahrzeuge wurden zum 100jährigen Jubiläum des elektrischen Betriebs auf der Strecke Murnau – Oberammergau benötigt. *Foto: Ch. Schröfl*

Fahrzeugparade, auf der auch Loks der Baureihen 110 und 112 nicht fehlen durfte. Die Wahl fiel auf 110 348, die dem Anlieferungszustand mit Lüfterband, silberfarbigem Dach und Frontschürzen angenähert wurde. Sie bespannte einen Schnellzug, der aus einem blauen Schlafwagen und beige/ozeanblauen Sitzwagen bestand. Vertreterin der schnellen Ausführung war 112 501. Sie gab das 1985 aktuelle Aussehen mit beigefarbenem Dach, kurzen Klatte-Lüftern und Maschinenraumfenster wider. Pufferverkleidungen und Frontschürzen waren abgebaut, die Anschriften bestanden komplett aus Klebefolien. Die Lok hatte Wagen des neuen TEE »Rheingold« mit orangefarbenen Absetzstreifen am Haken. Im gleichen Jahr wurden die beiden Maschinen auf der großen Fahrzeugausstellung in Bochum-Dahlhausen gezeigt. Nach dem Ende der Jubiläumsveranstaltungen kehrten die Loks im »Jubiläumslook« in den normalen Plandienst zurück, allerdings wurde bei der 110 348

Am Abend des 4. März 2006 hat 110 115 mit dem AutoZug 1484 den verschneiten Bahnhof von München Ost erreicht. *Foto: Ch. Schröfl*

die Frontschürzen entfernt. Die 110 348 wurde im Juni 2003 ausgemustert und betriebsfähig vom DB Museum übernommen. Die 112 501 quittierte als 110 501 am 30. Oktober 2009 beim Werk Dortmund ihren Dienst, wurde aber schon am 6. Oktober 2009 bei der Firma Bender in Opladen verschrottet.
Zwischen 1987 und 1989 kamen mit den 60 Drehstromlokomotiven der Baureihe 120 neue, 200 km/h schnelle Loks zu DB, sodass auf weitere 110 im hochwertigen Reisezugdienst verzichtet werden konnte.
Die beige/ozeanblaue 110 385 kam 1989 zum Bundesbahn-Zentralamt (BZA) in Minden, wo sie zu Versuchs- und Messfahrten eingesetzt wurde. Dafür bekam sie die Betriebsnummer 751 001. Sie blieb bis Ende Oktober 1997 in diesem Einsatzgebiet, wurde dann an DB Regio zum Werk Frankfurt (Main) abgegeben und wieder in 110 385 zurückgezeichnet. Am 30. Mai 1999 kam sie zum Werk Braunschweig, dort wurde sie am 15. November 2000 ausgemustert und verschrottet.
Einen weiteren Einschnitt in der Einsatzgeschichte der Baureihe 110 verursachte die Umstellung der InterCity-Linien zwischen Hamburg und München über Hannover, Fulda, Frankfurt (Main), Stuttgart und Augsburg auf die neuen 280-km/h-schnellen ICE-1-Triebzüge. Die dadurch frei gewordenen Loks der Baureihe 103 kamen in den InterRegio-Dienst und verdrängten dort die Loks der Baureihe 110 aber auch schon die ersten Loks der Baureihe 111.
Ende der 1980er-Jahre nahmen die Probleme mit den Loks der Baureihe 110 weiter zu. Die Maschinen wurden wegen ihres Alters immer schadanfälliger und die Reparaturen zeit- und kostenintensiver. Deshalb kam der Bundesbahn die Wiedervereinigung der beiden deutschen Staaten und später die der beiden deutschen Staatsbahnen sehr gelegen. Zwar erhöhte

110-Parade am 26. Juli 2007 im Vorfeld des Münchner Hauptbahnhofs: 110 175, 191 und 272 warten auf neue Aufgaben. Foto: Ch. Schröfl

Am Ende ihrer Kariere wurde 110 424 noch zum Kunstwerk. Am 1. August 2007 wartet die Lok in Stuttgart-Nord auf ihre Verschrottung. Foto: M. Treutler

Die Ameropa-Werbelok 110 325 wurde nach ihrem Werbeeinsatz mit der Beklebung noch vor Reisezügen eingesetzt. Am 6. Oktober 2007 zieht sie einen Sonderzug von EuroExpress bei Aßling in Oberbayern. Foto: Ch. Schröfl

Die ehemalige 110 133 ist auch als 139 133 von Lokomotion vor Reisezügen zu finden. Am 16. Februar 2008 zieht sie den D 13765 durch den ehemaligen Haltepunkt am Pass Grießen zwischen Hochfilzen und Leogang an der ÖBB-Strecke Wörgl – Schwarzach-St. Veit. Foto: Ch. Schröfl

sich unmittelbar nach der Grenzöffnung der Bedarf an Loks und Wagen, weil nun zahlreiche Sonder- und zusätzliche Züge über die deutsch-deutsche Grenze fuhren. Auf der anderen Seite konnte die Deutsche Bundesbahn aber zahlreiche Loks der Baureihe 243, später 143, von der Deutschen Reichsbahn anmieten und in den Plänen der 110 einsetzen. Außerdem testete die Bundesbahn die ersten 160 km/h-schnellen Loks der DR-Baureihe 212 vor ihren InterCity- und InterRegio-Zügen. Drei Maschinen wurden ab August 1991 überwiegend auf der IC-Linie 4a im Umlauf der Hamburger Baureihe 113 eingesetzt. Wegen den guten Betriebserfahrungen mit den Loks der Baureihe 212 bestellten beide Bahnverwaltungen daraufhin je 45 Maschinen, sodass der Deutschen Bahn AG ab 1994 mit den von der DR in den Jahren 1990 und 1991 beschafften 40 Maschinen der ersten Serie insgesamt 130 Lokomotiven dieser Baureihe zur Verfügung standen. Aus dem hochwertigen Reisezugdienst konnten damit weitere Loks der Baureihe 110 herausgenommen werden. Die Loks beförderten aber weiterhin D-Züge, nun auch in die neuen Bundesländer, beispielsweise nach Rostock oder Leipzig.

Im gemeinsamen Nummernplan von Reichsbahn und Bundesbahn war für die Reichsbahn-Elloks der Baureihe 212 die Baureihennummer 112 vorgesehen. Deshalb zeichnete die Bundesbahn 1991 die verbliebenen Loks der Baureihe 112 in die Baureihe 113 um.

4.5 Gnadenbrot im Regional-Dienst

In dieser Zeit traten an den Henschel-Drehgestellen der Baureihe 113 so gravierende Mängel auf, dass deren Höchstgeschwindigkeit auf 120 km/h begrenzt werden musste. Damit konnten

115 459 legt am 22. August 2009 im nächtlichen Dresdener Hauptbahnhof eine Pause ein. *Foto: M. Dahlbeck*

Am 18. April 2010 kam 110 284 zu EC-Ehren, sie bespannte EC 1854 von Leipzig nach Frankfurt (Main). Die Aufnahme entstand im Bahnhof von Markranstädt. *Foto: S. Bürgel*

die Loks nicht mehr im Schnellzugdienst eingesetzt werden und wurden nach München umbeheimatet.

Weil auch an den Loks der Baureihe 114 vermehrt Probleme mit den Drehgestellen auftraten, durften auch sie ab 1992 nur noch 120 km/h schnell fahren. Damit waren sie ebenfalls im höherwertigen Reisezugdienst nicht mehr zu gebrauchen. Einige Loks mussten sogar ganz abgestellt werden. Weil die DB aber noch nicht auf die Loks verzichten konnte, nahm sie eine groß angelegte Umbaumaßnahme in Angriff. Die Loks der Baureihe 114 bekamen Serien-Drehgestelle von Kasten-110. Sie durften damit wieder so schnell fahren wie die Baureihe 110, in die sie auch eingenummert wurden. So waren nun die TEE-farbigen Loks als 110 485 bis 110 504 auf den Gleisen der Deutschen Bahn AG unterwegs. Die Spender-110 wurden mit Drehgestellen Loks der Baureihe 140 bestückt und wegen ihrer elektrischen Widerstandbremse in die Baureihe 139 überführt. Dabei bekamen die Loks bei Bedarf auch einen Anstrich in den aktuellen

Eine Zeit lang gehörte die Bespannung des D-Zug-Paares Berlin – Moskau/Moskau – Berlin zwischen Berlin und Frankfurt/Oder zu den Aufgaben der Baureihe 115. Am 26. Mai 2010 hat 115 332 den D-Zug nach Moskau bei Fürstenwalde (Spree) am Haken. Foto: U. Miethe

Farben, sodass es keine blauen Loks der Baureihe 139 gibt. Die Kästen der drehgestelllosen Loks der Baureihe 140 wurden ausgemustert und verschrottet.

Bei den Loks der Baureihe 113 beschritt man einen anderen Weg. Ihre Henschel-Drehgestelle wurden zwischen 1993 und 1997 grundlegend aufgearbeitet und die Loks wieder für 160 km/h zugelassen. Wegen der Sonderdrehgestelle standen sie aber bald auf der Ausmusterungsliste der DB und wurden bevorzugt abgestellt. Mit dem Ausscheiden aus dem schnellen Reisezugverkehr übernahmen die 110 mehr und mehr Nacht- und Autoreisezüge. Auch im Sonder- und Turnusverkehr wurden sie nun verstärkt eingesetzt.

Im April 1995 beendete das Ausbesserungswerk München-Freimann die Unterhaltung der E 10, die es seit der Anlieferung der Lok übernommen hatte. Für die weitere Aufarbeitung waren nun die Werke Opladen, Dessau und Erfurt zuständig.

Im gleichen Jahr wurde der elektrische Betrieb auf den Strecken von Hamburg nach Kiel und nach Padborg in Dänemark aufgenommen. Das erweiterte das Einsatzgebiet der Baureihe 110 in Richtung Norden.

Im Sommer 1996 wurden erstmals Loks der Baureihe 110 in Saarbrücken beheimatet. Sie lösten dort unter anderem die Baureihe 141 vor Regionalzügen auf der Moselstrecke ab, sodass die Geschwindigkeit dieser Züge von 120 km/h auf 140 km/h gesteigert werden konnte. Aber auch InterRegio-Züge auf dieser Strecke gehörten zu ihren Aufgaben. Im Jahr 2000 erreichte das Werk in Saarbrücken mit 44 Maschinen den Höchststand an Loks der Baureihe 110. Zu diesem Bestand gehörten alle Maschinen mit dem Sicherheitssystem CIR-ELKE, weil Saarbrücken die Züge auf der Rheintalstrecke zu bespannen hatte, auf der dieses Sicherheitssystem arbeitet. 2002 wurden die Loks mit CIR-ELKE nach Freiburg umbeheimatet.

115 205 passiert am 5. Juni 2011 mit einem BTE-Sonderzug den kleinen Ort Röderau bei Riesa. *Foto: S. Bürgel*

Im verschneiten Emder Hauptbahnhof steht 110 284 am 28. Dezember 2010 abfahrbereit vor dem IC 132 nach Luxemburg. *Foto: M. Dahlbeck*

Auch 110 493 ist mit einem BTE-Sonderzug unterwegs. Sie wird in Kürze Ludwigsburg erreichen. Die Aufnahme stammt vom 15. September 2010. *Foto: M. Dahlbeck*

E 10 121 war lange Zeit aktive Museumslok der DB. Im Mai 2010 liefen die Fristen für ihre Drehgestelle ab. Seither ist die Lok abgestellt.
Foto: Ch. Schröfl

Die übrigen gingen 2003 nach Trier, die Bahn setzte sie aber von Koblenz aus unter anderem auf der Mosel- und Rheinstrecke nach Trier und Frankfurt (Main) ein. Freiburg beheimatete damit zum ersten Mal Loks der Baureihe 110. Sie waren auf der Rheintalstrecke zwischen Basel und Mannheim sowie auf der Schwarzwaldbahn zwischen Offenburg und Konstanz unterwegs. 2006 endete die Beheimatung in Freiburg schon wieder. Neue Elloks der Baureihe 146 und neue Doppelstockwagen verdrängte die Baureihe 110 mit ihren alten einstöckigen RegionalBahn-Wagen von der Schwarzwaldbahn. Die letzten Loks in Freiburg waren 110 450, 454, 458, 460, 462, 463, 466, 468, 470, 471 und 506. Sie wurden an die Werke Braunschweig, Dortmund und Stuttgart abgegeben.

4.6 Die »Neuen« verdrängen die Einheitselloks

1996 hatte der Generationswechsel bei den Elloks der Deutschen Bahn begonnen. Die ersten Maschinen der Baureihen 101, 145 und 152 gingen in Betrieb. Sie waren die Vorboten einer großen Flotte, zu der später noch die Baureihen 146, 182, 185 und 189 hinzukamen. Dies hatte die verstärkte Ausmusterung der Einheits-Elloks zur Folge. So war 2003 die Baureihe 150 komplett von den Gleisen der DB verschwunden, 2007 folgte die Baureihe 141, und auch die Reihen der Baureihen 110 und 140 lichteten sich zusehends.
Zwischen 1997 und 2004 wurden 131 »Bügelfalten«-Loks mit einer Wendezugsteuerung ausgestattet. So konnten sie von Steuerwagen aus bedient und in Wendezügen des Regional-

Die 110 239 ist an den Lokomotivclub 103 e.V. verliehen. Der Club hat die Lok als Rheingold-Lok mit zweifarbigem Anstrich aufgearbeitet. Am 3. Oktober 2008 wurde sie in Köln-Nippes dem Publikum gezeigt. Foto: Dr. B. Domagalski

Zum 150-jährigen Jubiläum der Eisenbahn in Deutschland wurde 110 348 für die Paraden in Nürnberg-Langwasser wieder an ihren Auslieferungszustand angenähert. Foto: Slg. M. Dahlbeck

verkehrs eingesetzt werden. Dies war nötig geworden, weil die ursprünglich im Wendezugdienst eingesetzten Loks der Baureihe 141 immer mehr Schaden aufwiesen. Wegen ihres hohen Alters wurden sie aber nicht mehr repariert, sondern ausgemustert, so dass sie ersetzt werden mussten. Im Rahmen der zweiten Bahnreform wurde die Deutsche Bahn AG am 1. Januar 1999 in fünf getrennte Aktiengesellschaften aufgeteilt: Die DB Reise & Touristik AG, die DB Regio AG, die DB Cargo AG, die DB Netz AG und die DB Stationen & Service AG. Im Rahmen dieser Aufteilung wurden auch die Lokomotiven an die einzelnen Gesellschaften verteilt. Die Baureihen 110 und 113 kamen entsprechend ihres Einsatzgebiets im Nahverkehr zur DB Regio AG, wurden aber bei Bedarf an andere Bereiche ausgeliehen. Deshalb waren sie immer wieder mit Plan- und Sonderleistungen von DB Reise & Touristik unterwegs. Bis zu zehn dieser Loks waren 2001

110 281 wird von der Schienenverkehrsgesellschaft SVG betreut. Sie ist inzwischen wetterfest in der neuen Museumshalle in Horb untergestellt. Foto: M. Dahlbeck

im hochwertigen Reisezugdienst eingesetzt. Schon vor der zweiten Bahnreform war Anfang 1997 die DB AutoZug GmbH entstanden, eine Tochtergesellschaft der DB AG. Sie übernahm sämtliche Nacht- und AutoZug-Verbindungen der DB und betreibt die Shuttle-Züge nach Sylt. Außerdem unterstehen ihr die Schiffsverbindung nach Wangerooge und die dortige Inselbahn. DB AutoZug hatte zwar zahlreiche Schlaf- und Liegewagen im Bestand, aber noch keine eigenen Loks. Bis Herbst 2005 wurden Lokomotiven von DB Fernverkehr (ehemals DB Reise & Touristik) angemietet. Dann forderte DB Fernverkehr die Loks zurück, weil sie selbst Bedarf hatte. Daraufhin beschloss DB AutoZug, eigene Maschinen zu beschaffen, um von Anmietungen unabhängig zu sein. Fündig wurde sie bei DB Regio, die sich zu dieser Zeit verstärkt von den Loks der Baureihe 110 und 113 trennte. DB AutoZug übernahm 43 Loks der Baureihe 110 sowie die 113 267, 113 268 und 113 309 von DB Regio. Um ihre eigenen Loks schnell von den DB Regio-Maschinen unterscheiden zu können, nummerte DB AutoZug die Baureihe 110 in die Baureihe 115 um. Die Ordnungsnummer blieb dabei erhalten. Die 113 musste nicht umgezeichnet werden, weil es bei DB Regio keine 113 mehr gab. Alle Auto-Zug-Maschinen wurden in Berlin-Rummelsburg beheimatet. 36 von ihnen bekamen eine neue Hauptuntersuchung und blieben weiterhin im aktiven Dienst bzw. kehrten dorthin zurück. Die übrigen zehn Fahrzeuge dienten als Ersatzteilspender. Die Loks 106, 232, 288, 289, 353 354 und 378 wurden deshalb in Mukran auf der Insel Rügen abgestellt. Die Loks 286, 318 und 381 wurden von Dessau nach Berlin-Rummelburg geschleppt und dort abgestellt. Außer vor Nachtzügen werden die Baureihen 113 und 115 auch zu Sondereinsätzen herangezogen. So bespannen

Mit dem IC 186 aus Zürich am Haken passiert 110 438 den S-Bahnhof in Stuttgart-Rohr. *Foto: D. Pfitzenmaier*

sie Personenzüge für besondere Zwecke (PbZ) mit denen zur Untersuchung anstehende Reisezugwagen den Ausbesserungswerken zugeführt werden.

Das Werk Hamburg-Eidelstedt, das dem Fernverkehr zugeschlagen war, gab 1999 seine Loks der Baureihe 110 an das Regional-Werk Braunschweig ab. Dies änderte aber nichts am Einsatzgebiet der Maschinen. Änderungen beim Einsatz der Baureihe 110 gab es erst zur EXPO 2000 in Hannover. Im Fernverkehrs- und Regionalbereich wurden zahlreiche Sonderzüge nach und von Hannover eingesetzt. Die Regionalzüge wurden aber überwiegend von den neuen Loks der Baureihe 145 befördert. Die eigentlich für den Güterzugdienst vorgesehenen Maschinen waren in Seddin stationiert und kamen nur leihweise nach Hannover. Braunschweig gab in dieser Zeit Loks der Baureihe 110 nach Dortmund ab. Im Anschluss an die EXPO wurden die Loks der Baureihe 145 nach Dortmund ausgeliehen und verdrängten dort abermals die Baureihe 110.

Ab dem Jahr 2000 wurden die Maschinen der Baureihe 110 bei abgelaufenen Untersuchungsfristen bevorzugt ausgemustert und verschrottet. 110 102 fiel dieser Politik als erste zum Opfer. Auch bei Unfall- oder Brandschäden schieden die Loks aus dem Bestand aus.

2001 eroberte die Baureihe 110 auch die Werke im hohen Norden Deutschlands: 14 Lokomotiven aus Braunschweig wurden in Kiel beheimatet. Im gleichen Jahr kam München und ein Jahr später Freiburg als »neue« Heimat für die Baureihe 110 hinzu. Allerdings waren in München schon seit 1992 Loks der Reihe $E\,10^{12}$ beheimatet, deren Bestand im Juni durch die ehemaligen Frankfurter 110 111, 112 und 114 verstärkt wurde. Im Frühjahr 2002 kamen weitere 13 Maschinen nach München, diesmal aus Stuttgart. Die Münchener Loks bespannten unter anderem Züge nach Regensburg, Nürnberg und Innsbruck. Außerdem arbeiteten sie im Abstelldienst zwischen München Hbf und München-Pasing.

115 156 hat sich am 29. September 2006 in Berlin-Lichtenberg vor einen Nachtzug aus russischem Schlafwagen gesetzt. Foto: M. Dahlbeck

Im Frühjahr 2001 beendete das Werk Erfurt die Aufarbeitung der Baureihe E 10. 110 412 und 110 473 waren die letzten beiden Maschinen, die noch eine Revision mit komplettem Neuanstrich (IS 703) bekamen.

Ende 2002 ging der planmäßige Einsatz der Baureihe 110 in Kiel schon wieder zu Ende. Die alten Vierachser wurden von der Baureihe 112 abgelöst. Weil aber zu wenige Loks zur Verfügung standen, hielt das Werk Kiel acht Loks der Baureihe 110 als Reserve vor. Sie liefen in den Plänen der Baureihen 112 und 141. Die übrigen Loks der Baureihe 110 wurden abgestellt bzw. nach Köln abgegeben. 2005 wurde als letzte beige/ozeanblaue Bügelfalten-Maschine 110 318 vom Werk Kiel von einer Untersuchung zurückgestellt. Zuvor war sie schon längere Zeit wegen einer Flachstelle an den Radsätzen in Kiel abgestellt und fuhr keine Einsätze mehr.

DB Regio wurde 2004 weiter aufgeteilt. Es entstanden DB Regio Schleswig-Holstein und Hamburg, Nordost, Niedersachsen und Bremen, Mitteldeutschland, Nordrhein-Westfalen, Hessen, Rheinland-Pfalz, Saarland, Baden-Württemberg und Bayern.

Im gleichen Jahr wurde mit 113 311 die letzte E 10^{12} in TEE-Lackierung ausgemustert. Die Lok kam vom Werk München und wurde ins DB-Museum nach Koblenz-Lützel gebracht.

Im Dezember 2004 übernahm DB Systemtechnik in Minden nach der 110 385 abermals eine 110 von DB Regio. Diesmal war es sie Kasten-Lok 110 169. Sie bekam die Aufschrift »Bahntechnik mit Kompetenz« und war auch 2011 noch vor Messzügen in ganz Deutschland unterwegs.

Ein weiteres Betätigungsfeld fanden einige Maschinen der Baureihe 110 ab bei DB Bahn Charter, einem Geschäftsbereich der DB Vertriebs GmbH. Kunden können bei DB Bahn Charter ganze

Auch vor neuen Doppelstockwagen waren Loks der Baureihe 110 anzutreffen. Am 7. September 1997 zieht die orientrote 110 199 einen Doppelstock-Zug aus München Hbf.
Foto: M. Dahlbeck

Züge mieten, zum Beispiel für Sondereinsätze wie Betriebsausflüge, aber auch – mit den entsprechenden Wagen – für rollende Ausstellungen. DB Bahn Charter bekam für diese Einsätze von DB Regio mehr als zehn Loks der Baureihe 110, die meisten davon »Kasten«-Loks ohne Wendezugsteuerung. Später wurden die Kasten-Loks nach und nach durch »Bügelfalten«-Maschinen abgelöst, die von DB Regio nicht mehr benötigt wurden. Diese Loks waren mit vielen Sonder- und Ausstellungszügen in ganz Deutschland unterwegs.

Einen interessanten Lebenslauf hat 110 511, die ja aus 139 134 umgebaut wurde. Die Güterzuglok mit elektrischer Widerstandbremse wurde im August 1959 als E 40 1134 von Krauss-Maffei und Siemens-Schuckert an die Bundesbahn geliefert. Sie wurde in Offenburg beheimatet und war bevorzugt auf den Steilstrecken im Schwarzwald unterwegs. 1968 zeichnete die DB sie zur Unterscheidung von den E 40 ohne Widerstandsbremse in 139 134 um. 1985 wurde sie in 110 511 umgebaut, um den Verlust der 110 433 auszugleichen. Nach dem Umbau kam die Lok ins Betriebswerk Dortmund und blieb dort bis zum Mai 2000, danach beheimatete man sie in Köln. Hier wurde die Maschine am 15. Dezember 2000 ausgemustert, aber nicht verschrottet. Sie kam zum Ellok-Werk Dessau und wurde im Herbst 2005 betriebsfähig aufgearbeitet. Die Lok bekam einen weißen Anstrich mit roten Absetzsteifen und steht nun als Gewährleistungslok zur Verfügung. Kann eine Ellok, die dem Werk zur Aufarbeitung überlassen wurde, nicht fristgerecht fertig gestellt werden, so bekommt der Kunde die 110 511 als Ersatzlok, bis die Untersuchung der eigenen Lok abgeschlossen ist.

2005 mangelte es Railion, der Güterverkehrssparte der DB AG, wegen der verstärkten Ausmusterung von Loks der Baureihe

110 231 hatte am 22. April 2010 einen PbZ am Haken. In den Zügen werden Loks und Wagen von ihren Heimatwerken in die zuständigen Ausbesserungswerke überführt. Bei Stuttgart-Sommerrain zieht sie zwei Loks der Baureihe 120, eine schwarze 182 und zwei Reisezugwagen.
Foto: M. Dahlbeck

140 an betriebsfähigen Maschinen, deshalb mietete Railion die 110 200, 276, 278, 312, 322, 325 und 329 von DB Regio und setzte sie in ganz Deutschland vor Güterzügen ein. Weitere Loks wurden von Railion bei DB Bahn Charter angemietet. Allerdings forderte DB Regio einige Loks wegen Eigenbedarfs bald wieder zurück. Railion bekam nun die 110 115, 202, 203 und 216. Ende März 2006 waren die Einsätze der Baureihe 110 von DB Regio bei Railion schon wieder Geschichte. Im Dezember gingen auch die 110 339 und 110 340 von Railion an DB Bahn Charter zurück.

Mit der Dortmunder 110 276 wurde am 5. April 2006 die letzte orientrote Maschine dieser Baureihe bei DB Regio ausgemustert. Zwei Tage später fiel sie bei der Firma Bender in Opladen dem Schneidbrenner zum Opfer.

Mit der Fußball-Weltmeisterschaft 2006 bekam die Baureihe 110 kurzeitig neue Aufgaben. Die Werke Dortmund und Köln stellten jeweils sechstägige Umlaufpläne auf. Dafür übernahmen die beiden Werke leihweise Loks der Baureihe 110 aus Frankfurt und München. Dieser Einsatz endete am 10. Juli. Fünf Tage später brachten mehrere Sonderzüge, die mit Loks der Baureihe 110 bespannt waren, Fans aus ganz Deutschland zur Love-Parade nach Berlin.

Von den Strecken rund um Kassel wurden die Frankfurter 110 im Dezember 2006 abgezogen, nachdem die Cantus Verkehrsgesellschaft mbH die Ausschreibung für den Nahverkehr gewonnen und die Leistungen von DB Regio übernommen hatte. Heute werden die Leistungen mit »Flirt«-Triebwagen der Baureihen 427 und 428 erbracht.

Die 110 401 wurde am 15. September 2009 in Ludwigshafen beheimatet. Sie kam aus Frankfurt und hatte an Werktagen von Ludwigshafen aus Regionalzüge zwischen Mainz und Karlsruhe zu befördern.

Zum Jahreswechsel 2010/2011 waren nur noch drei Kasten-E 10 im aktiven Bestand von DB Regio. Die 110 200, 236 und 284 waren noch für DB Bahn Cahrter unterwegs. Als letzte dieser drei Kasten-Loks wurde 110 284 am 19. Juli 2011 ausgemustert. Mit ihr ging die Zeit der Kasten-110 bei DB Regio zu Ende. Allerdings setzte DB AutoZug weiterhin Kasten-Loks der Baureihe 115 ein.

Im München waren zwar noch 110 320 und 110 333 beheimatet, sie hatten aber keinen Umlaufplan mehr, sondern brachten fallweise Regionalzüge nach Kufstein bzw. und Freilassing und beförderten Leer-Reisezüge zwischen dem Hauptbahnhof und dem Abstellbahnhof in München-Pasing.

Stuttgart setzte noch die 110 446, 483 und 508 ein. Sie fuhren zwischen Stuttgart und Tübingen sowie auf der »kleinen Murrbahn« zwischen Backnang und Marbach. Im Frühjahr 2011 kam 110 416 aus Trier nach Stuttgart zurück. Als besondere Leistung der Stuttgarter 110 ist der »Enztäler«-Radexpress zu nennen, der zwischen 1. Mai und 16. Oktober an Sonn- und Feiertagen zweimal pro Tag zwischen Stuttgart und Bad Wildbad pendelte. Diese Einsätze sind auch für 2012 wieder vorgesehen.

Das Werk Dortmund stellte wieder einen Plan für die Baureihe 110 auf, die zuvor nur noch Sondereinsätze gefahren hatte. Nun benötigte DB Regio wieder elf dieser Loks. Neun davon kamen aus Braunschweig. Sie waren frei geworden, weil die NordWestBahn Verkehrsleitungen auf den Strecken rund um Bremen übernommen hatte. In Trier gab es zu diesem Zeitpunkt keinen Umlaufplan mehr. Die Lokomotiven wurden nur noch für Ersatzbespannungen genutzt. Als letzte verabschiedeten sich die 110 295, 300 und 326 im Frühjahr 2011 aus Trier. Alle drei wurden abgestellt. Die 110 295 fiel dem Schneidbrenner zum Opfer, die 110 300 ging leihweise an den Verein »Baureihe E 10 e.V.« in Köln.

Im September 2011 stellte München mit der 110 320 seine letzte Lok der Baureihe 110 von einer Untersuchung zurück. Damit endete der Einsatz der vierachsigen Schnellzuglok von der bayerischen Landeshauptstadt aus.

Zum Winterfahrplan 2011/2012 endete in Braunschweig der planmäßige Dienst der Baureihe 110. Acht der neun noch in Braunschweig vorhandenen Loks wurden nach Dortmund umbeheimatet. 110 468 wurde wegen ihres nahenden Fristablaufs nicht abgegeben. Sie fuhr noch einige Zeit im Umlauf der Baureihe 111 mit.

Zur gleichen Zeit kamen Loks der Baureihe 115 von DB AutoZug wieder zu InterCity-Ehren. Weil die DB ihre Neigetechnik-ICE der Baureihen 411 und 415 anderweitig benötigte, wurden diese Züge von der Relation Stuttgart – Zürich abgezogen und durch lokbespannte Wagenzüge ersetzt. Deren Wagen kamen von den Schweizerischen Bundesbahnen (SBB), die Loks von der DB. Fallweise kamen hier die Baureihen 101, 120, 181 zum Einsatz, aber auch die Baureihe 115 von DB AutoZug. Die Loks der Baureihen 101 und 120 wurden aber benötigt, um die angemieteten Loks der Baureihe 182 auf »schnellen« Strecken zu ersetzten. Deshalb bespannte die DB nun die IC-Züge zwischen Stuttgart und Singen planmäßig mit Loks der Baureihe 115. Diese Züge sind seither beliebte Fotoobjekte für zahlreiche Eisenbahnfreunde.

Im Januar 2012 verließ 110 320 als letzte ihre Heimatdienststelle München und wurde zur Verschrottung zu Bender nach Opladen gebracht.

4.7 Museumsloks

Als die Loks der Baureihe E 10 nach und nach aus dem Betriebsdienst ausschieden, bemühten sich verschiedene Eisenbahnmuseen und Vereine um die Erhaltung einzelner Lokomotiven. Der größte Bestand an Museums-E 10 gehört dem DB Museum in Nürnberg. Die meisten dieser Loks können in der

Fahrzeugparade am 25. Juli 2009 im Werk Stuttgart. Ganz rechts steht die noch blaue 110 228 des DB-Museums. Es folgen 110 418, 111 082, 110 484 und ganz links 139 312. *Foto: M. Dahlbeck*

Museal erhaltene Loks der Baureihe E 10
E 10 002, DB Museum, Lichtenfels
E 10 005, DB Museum, Leihgabe an Bayerisches Eisenbahnmuseum e.V. , Nördlingen
E 10 121, DB Museum, Koblenz-Lützel
E 10 152, DB AutoZug, Leihgabe an E10 e.V., Köln-Nippes
E 10 210, DB Museum, Koblenz-Lützel
E 10 228, DB Museum, Leihgabe an IG-Einheitsloks, Stuttgart
E 10 281, DB Regio, Leihgabe an Schienenverkehrsgesellschaft mbH (SVG), Eisenbahn Erlebniswelt Horb
E 10 292, DB Museum, Koblenz-Lützel
E 10 300, DB AG, Leihgabe an E 10 e.V., Köln Nippes
E 10 348, DB Museum, Koblenz-Lützel
E 10 1239, DB AG, Leihgabe an Lokomotiv-Club 103 e.V., Wuppertal
E 10 1311, DB Museum, Koblenz Lützel

Aussenstelle des DB-Museums in Koblenz-Lützel besichtigt werden. Dort findet der Besucher die E 10 121, E 10 210, E 10 348 und die »TEE«-Lok E 10 1311. Die E 10 002, die ebenfalls zum Museumsbestand gehört, ist in Lichtenfels untergestellt. Die E 10 005 ist an das Bayerische Eisenbahnmuseum in Nördlingen verliehen. Die blaue E 10 228 wurde in die Verantwortung der IG-Einheitsloks übergeben und steht in Stuttgart.

DB AutoZug übergab die E 10 152 an den Verein »Baureihe E 10 e.V.« in Köln-Nippes. Der Verein betreut auch die E 10 300, die ihm von DB Regio überlassen wurde.

Die Schienenverkehrsgesellschaft mbH (SVG) in Stuttgart kann die E 10 281 ihr Eigen nennen. Die verkehrsrote Lok wird wettergeschützt den Besuchern der Eisenbahn Erlebniswelt Horb gezeigt.

Vorläufig letzte Museums-E 10 wurde die im Mai 2010 abgestellte 110 292. Sie kam zum DB-Museum nach Koblenz. Sie brachte noch mit viele alte Bauteile mit, die zur betriebsfähigen Erhaltung der Musuems-E 40 128 benötigt werden. Das Museum will die 110 292 in den Zustand der 1970er-Jahre mit beige/ozeanblauer Lackierung zurück versetzen.

5.

Die E 10 und der »Rheingold«

Die umgebaute Kasten-E 10 1244 wurde mit ihrer Höchstgeschwindigkeit von 160 km/h und vor dem »Rheingold« eingesetzt. Nach dem Ende des Einsatzes wurde die Höchstgeschwindigkeit wieder reduziert und die Lok blau lackiert. *Foto: C. Bellingerodt (Slg. M. Dahlbeck)*

Sonderzug zur Aufnahme des elektrischen Betriebs auf der Strecke Oberhausen – Wesel – Emmerich am 22. Mai 1966 mit E 10 1269.
Foto: W. Marotz (Slg. Eisenbahnstiftung)

Der Name »Rheingold« hat eine lange Tradition auf den Gleisen der deutschen Eisenbahnen. Ursprünglich stammt der Name aus der Welt der Oper. Am 22. September 1869 erlebte die Oper »Das Rheingold« von Richard Wagner (1813–1883) ihre Uraufführung. Sie ist der sogenannte Vorabend der Operntetralogie »Der Ring des Nibelungen«, die der Komponist zwischen 1848 und 1874 komponierte. Das Rheingold beginnt mit dem Raub des von den Rheintöchtern nur unzureichend bewachten Edelmetalls durch Alberich, womit der vierteilige Opernzyklus seinen Anfang und das Verhängnis seinen Lauf nimmt. Erst am Ende der »Götterdämmerung«, dem dritten Tag, gelangt das Rheingold wieder in die Obhut der Rheintöchter. Dazwischen liegen rund 18 Stunden nicht immer leicht verständliches Musiktheater, das den Zuschauern volle Konzentration und den ausführenden Künstlern höchsten Einsatz abverlangt.
Es überrascht somit nicht, dass dieser anspruchsvolle Stoff auch die Phantasie der Eisenbahner anregte, als sie nach dem Namen für einen Luxuszug suchten.

5.1 Der erste Rheingold

Kurze Zeit nachdem Wagners Oper uraufgeführt worden war, begann in Europa die große Zeit der Luxuszüge. Der bekannteste unter ihnen war der 1883 eingeführte Orient-Express, der Paris mit Konstantinopel (später Istanbul) verband. Aber auch andere europäische Hauptstädte wurden durch solche Luxuszüge miteinander verbunden. Die Züge wurden von der Compagnie Internationale des Wagons-Lits (CIWL) betrieben, zu deutsch Internationale Schlafwagen-Gesellschaft (ISG). Sie führten nur die erste Wagenklasse und bestanden aus sehr hochwertig ausgestatteten Salon-, Schlaf- und Speisewagen. Meist waren den Zügen noch Gepäckwagen beigestellt.
1916 wurde die Mitteleuropäische Schlaf- und Speisewagen Aktiengesellschaft (MITROPA) gegründet. Sie stellte zunächst die Wagen für den Berlin-London-Express (1924 – 1926) und den Skandinavien-Schweiz-Express (1924 – 1925).

Am 22. März 1964 begegnen sich die beiden »Rheingold«-Loks E 10 1269 und E 10 1266 in Mannheim Hbf. *Foto: O. Blaschke*

E 10 1312 durfte am 29. Mai 1964 den Sonderzug zur Eröffnung des elektrischen Betriebs auf der Strecke Hochdahl – Wuppertal (hier entstand die Aufnahme) – Hamm ziehen. *Foto: C. Bellingrodt (Slg. Dr. D. Hörnemann)*

Am 15. Mai 1928 stellte die Deutsche Reichsbahn-Gesellschaft (DRG) mit dem FD/FFD Rheingold ihren ersten eigenen Luxuszug in Dienst. Für die Verbindung (London) – Hoek v. Holland – Köln – Karlsruhe – Basel und im Sommer weiter nach Luzern beschaffte die DRG völlig neues Wagenmaterial, das die vorhandenen Fahrzeuge in Sachen Komfort, Ausstattung und Laufruhe bei weitem übertraf. Von Außen waren die Wagen an ihrem zweifarbigen, violett/cremefarbenen Anstrich und an den goldenen Lettern »RHEINGOLD« zu erkennen. Die Züge bestanden in der Regel aus zwei Sitzwagen 1. Klasse. Einer davon hatte eine Küche aus der die Gäste in den beiden unterschiedlich eingerichteten Wagen am Platz bedient wurden. Ein ähnliches Wagenpaar, ebenfalls mit einer Küche, gab es für die 2. Klasse. Die vier Wagen wurden meist um einen oder zwei Packwagen ergänzt. Es gab aber auch Züge mit mehr oder weniger Sitzwagen. Zugloks waren unter anderem Dampfloks der Baureihen 18^3 (bad. IV h), 18^{4-5} (bay. S 3/6) oder 01.
Mit dem Beginn des Zweiten Weltkriegs wurde der Rheingold eingestellt und die Wagen für andere, meist militärische Zwecke eingesetzt.

5.2 Der zweite Rheingold

Ab Dezember 1946 setzte die Reichsbahn wieder durchgehende Züge auf der Strecke von Hoek van Holland nach Basel ein. Während die ersten Nachkriegsverbindungen aus unterschiedlichen Loks und Wagen bunt zusammengewürfelt waren, bestanden die Züge ab Anfang der 1950er-Jahre aus aufgearbeiteten Schürzenwagen, die durch ihre blaue Lackierung und den Schriftzug »Deutsche Bundesbahn« auffielen. Die dreiklassigen Züge wurden ab 1951 als Rheingold bezeichnet.
Mit dem F 9/10 Rhein-Pfeil richtete die Bundesbahn 1952 auf derselben Strecke eine Verbindung ein, die nur die 1. und 2. Wagenklasse anbot. Ein Jahr später wurde dieses Zugpaar in Rheingold-Express umbenannt. Der dreiklassige Zug bekam den Namen Loreley-Express. Ab Mai 1954 wurde zwischen Dortmund und München mit dem F 21/22 wieder ein Rheinpfeil (nun ohne Bindestrich geschrieben) eingerichtet.
Im Rahmen der Klassenreform wurde der Rheingold im Juni 1956 zum reinen 1.-Klasse-Zug aufgewertet und aus 26,4 m langen, ebenfalls blauen Neubauwagen gebildet. Ab dem Sommer 1958 wurden die Züge mit Loks der Baureihe E 10 des Bw Heidelberg bespannt, die sie zunächst von Mannheim nach Basel und wieder zurück brachten. Wenig später konnte die Strecke bis Köln elektrisch befahren werden. Im Sommer 1961 bespannten Stuttgarter E 10 den Zug. Den Gegenzug F 10 beförderten weiterhin Heidelberger E 10.

5.3 Der dritte Rheingold

Neue Maßstäbe prägten wenige Jahre später den hochwertigen Fernverkehr. Für die Strecke Amsterdam bzw. Hoek van Holland – Arnheim – Duisburg – Köln – Mannheim – Basel (SBB) – Bern – Lausanne stellte die Deutsche Bundesbahn im Mai 1962

Gezogen von E 10 1267 erreicht der F 8 »Rheinblitz« den Duisburger Hauptbahnhof (1966). *Foto: H.-G. Kleine, Archiv transpress*

einen weiteren Rheingold vor, der komplett aus neu gebauten Wagen gebildet wurde. Als Zugloks dienten modifizierte Maschinen der Baureihe E 10. Deren Getriebe waren dahingehend geändert worden, dass die nun als E 10^{12} bezeichneten Loks eine Höchstgeschwindigkeit von 160 km/h fahren konnten. Noch im selben Jahr wurden die für den Rheingold neu gebauten E 10 1265 bis E 10 1270 in Betrieb genommen. Für den Rheinpfeil, der zwischen Dortmund und München fuhr und der ebenfalls auf das neue Wagenmaterial umgestellt werden sollte, folgten 1964 die E 10 1308 bis E 10 1312. Die E 10^{12} unterschieden sich durch ihre schnittigere Form, durchgehende Lüfterbänder und durch Schürzen unter den Puffern ihren den Vorgängern.
Weil bis zur Einführung der Zugs die E 10^{12} wegen der kurzen Entwicklungszeit und zu hoher Kosten nicht fertig gestellt werden konnten, wurden die Loks E 10 239 bis 244 aus der laufenden Serie herausgenommen und für 160 km/h ertüchtigt. Die Loks bekamen die Nummern E 10 1239 bis E 10 1244. Auch beim Rheinpfeil fehlten zunächst die neuen Loks und die E 10 250 bis E 10 254 wurden als kurzfristiger Ersatz herangezogen.
Die Lokomotiven für den Rheingold wurden in Heidelberg beheimatet. Die E 10^{12} für den Rheinpfeil kamen nach Nürnberg. Ab Mai 1967 zog man die E 10^{12} in Heidelberg zusammen.
Außer der neuen Lokbaureihe beschaffte die DB auch vier neue Wagentypen für die beiden Züge. Zusätzlich zu den von normalen Schnellzügen bekannten Abteilwagen mit Seitengang gab es nun erstmals Großraumwagen mit Mittelgang und drehbaren Sitzen im Fernverkehr. Eine Besonderheit waren die fünf Aussichtswagen. Deren erhöhte, voll verglaste Aussichtskanzeln bot den Fahrgästen einen freien Blick auf die Landschaft. Die Speisewagen der Luxuszüge hatten einen doppelstöckigen Wirtschafttrakt, der ihnen die Bezeichnung Buckelspeisewagen einbrachte.
Von außen waren Loks und Wagen am eleganten, zweifarbigen Anstrich mit kobaltblauer Brüstung und cremefarbenem Fenster-

E 10 1265 hält mit dem F 22 »Rheinpfeil« in Duisburg Hbf (1966). *Foto: H.-G. Kleine, Archiv transpress*

band zu erkennen. Außerdem waren unter der Aussichtskanzel die Schriftzüge »Rheingold« oder – beim Rheinpfeil – »Deutsche Bundesbahn« angebracht.
In den Rheingold waren auch Kurswagen nach München eingestellt. In Duisburg wurden sie an den Rheinpfeil umrangiert, der von Dortmund nach München fuhr. Auf dem Rückweg wechselten die Wagen vom Rheinpfeil zum Rheingold. Weil die Strecke bis Arnhem noch nicht elektrifiziert war, übernahem in Duisburg deutsche Dieselloks der Baureihe V 200 den Zug. Ab Arnhem ging es dann mit niederländischen Elloks weiter. Im Schweitzer Abschnitt wurde der Rheingold von Elloks der Reihe Re $4/4^{I}$ befördert. Dafür bekamen die grünen Maschinen ein TEE-Emblem an den Stirnseiten.

5.3 Rheingold und Rheinpfeil als TEE

Ab Mai 1965 liefen die beiden Züge als Trans-Europ-Express (TEE). Weil für die TEE-Züge ein zweifarbiger Anstrich mit roter Brüstung vorgesehen war, wurden Loks und Wagen entsprechend umlackiert. Das cremefarbene Fensterband blieb erhalten. Im Gegensatz zu den niederländischen Eisenbahnen lackierten die Schweizer Eisenbahnen 1972 für den Einsatz vor dem Rheingold und dem TEE Bavaria eingesetzten Loks Re $4/4^{I}$ mit den Nummern 10033, 10034, 10046 und 10050 in den passenden Farben. Auf einem Stromabnehmer wurde ein breites Schleifstück für die deutsche Oberleitung montiert. So konnten die Loks z. B. bis Lindau durchlaufen.
Die TEE 22/21 Rheinpfeil und TEE 10/9 Rheingold bestanden nach wie vor aus mehreren Wagengruppen. Zwar brachte der

Einfahrt des »Rheinpfeil« in Würzburg Hbf im Jahre 1965. Zuglok ist E 10 1311. *Foto: A. Lehnert (Slg. M. Treutler)*

Rheingold die meisten Wagen von Amsterdam bzw. Hoek van Holland nach Basel, Genf, Chur und Mailand. Die Kurswagen wechselten aber nach wie vor zum Rheinpfeil in Richtung München. Der aus München kommende Rheinpfeil übernahm in Duisburg die Wagengruppe des Rheingold, die nach Dortmund ging.

Ab dem Sommer 1966 konnte die E 10^{12} bis zum Systemwechselbahnhof Emmerich durchlaufen. Die V 200 wurden nun aus dem Plan abgezogen.

Weil das Umsetzen der Kurswagen in Duisburg sehr zweitaufwändig war, beschloss die DB statt der Kurswagen von Genf und Mailand aus dem Rheingold einen eigenen TEE von Süden bis Dortmund zu schicken. Ab Sommer 1969 übernahm der TEE Roland vom Rheingold die Wagen von bzw. nach Mailand. Damit weitere F- und TEE-Züge mit schnellen E 10^{12} bespannt werden konnten, kaufte die Bundesbahn 1968 noch einmal 20 Exemplare dieser Ausführung. Sie wurden bereits unter ihrer neuen Baureihennummer 112 mit den Ordnungsnummern 485 bis 504 abgeliefert. Zur gleichen Zeit wurden alle Maschinen der Baureihe 112 im Bw Frankfurt (Main) zusammengezogen.

In den 1970er-Jahren lösten sechsachsige Schnellfahrloks der Baureihe 103 die Baureihe 112 vor dem Rheingold ab. Die Loks der Baureihe 112 kamen unverändert in den Schnellzugdienst.

Der Einsatz der Aussichtswagen und der doppelstöckigen Speisewagen endete im Mai 1976. Letztere waren aber schon seit Sommer 1972 nicht mehr planmäßig im Rheingold anzutreffen. Die Speisewagen wurden durch einstöckige Bauarten ersetzt. Die Aussichtswagen entfielen ganz, was den Zügen viel von ihrer Exklusivität nahm.

Ein Schnappschuss aus dem Eilzug: Mit dem F 10 »Rheingold« überholt E 10 1270 am 1. Dezember 1963 den Fotografen bei Duisburg-Großenbaum.
Foto: H.-G. Kleine, Archiv transpress

Der Sommerfahrplan 1979 brachte das Aus für den traditionellen Rheingold zwischen Hoek van Holland und der Schweiz. Nun fuhr der Zug nur noch zwischen Amsterdam und Genf. Im Sommer 1980 wurde die Verbindung südlich von Bern gestrichen und ab Mai 1982 wurde der Zug nur noch zwischen Amsterdam und Basel SBB eingesetzt.

5.4 Der vierte Rheingold

Rückläufige Fahrgastzahlen veranlassten die DB, den TEE Rheingold noch einmal aufzuwerten. Weil er als Beförderungsmittel für Geschäftsreisende nicht mehr gefragt war, setzte ihn die Bahn als Touristenattraktion ein. Ab Mai 1983 bekam der Rheingold einen Flügelzug von Mannheim nach München, der als TEE 17/16 in den Kursbüchern stand. Zugloks für diesen TEE waren die immer noch farblich passenden Loks der Baureihe 112. Allerdings fuhr dieser Zug diesmal von Mannheim nach Stuttgart durch das Neckartal. Von dort ging es weiter über Aalen und Donauwörth nach München. Zwischenhalte wurden nun auch in Heidelberg, Eberbach, Heilbronn, Schwäbisch Gmünd, Nördlingen und Augsburg eingelegt.
Neben Abteil-, Großraum und Speisewagen wurde ein neuer Clubwagen in die Züge eingereiht, in dem unter anderem Fassbier an einem Kiosk ausgeschenkt wurde. Folkloregruppen sorgten für die Unterhaltung der Fahrgäste. Im Sommer war dieser Wagen dem Flügelzug nach München beigestellt, im Winter fuhr er nach Basel.
Von außen waren die drei Clubwagen an der Aufschrift »Club Rheingold« zu erkennen. Wie alle Rheingold-Wagen hatten sie

E 10 1309 verlässt am 1. Mai 1965 den Hauptbahnhof von Frankfurt (Main). Hinter der Lok ist einer der für den »Rheingold« und »Rheinpfeil« typischen Aussichtswagen eingereiht. *Foto: Slg. J. Stender*

112 501 wurde für die Paraden zum 150. Jubiläum der Eisenbahn in Deutschland ausgewählt. Im September 1985 fährt sie mit dem neuen »Rheingold« in Nürnberg-Langwasser an den Publikumstribünen vorbei. *Foto: Slg. M. Dahlbeck*

einen orangefarbenen Trennstreifen zwischen dem roten und dem beigefarbenen Anstrich bekommen. Im Innenraum war eine kleine Küche eingerichtet. Die Gäste konnten es sich an 15 Tischen mit 34 gepolsterten Drehsesseln bequem machen. Vom Speisewagen wurde außerdem ein Am-Platz-Service für den ganzen Zug angeboten.

Der neue Rheingold brachte nicht den erhofften Erfolg und der nur in den Sommern 1983 und 1984 eingerichtete Flügelzug über Heilbronn und Aalen wurde bald wieder aufgegeben. Ab Juni 1985 richtete die DB den ganzjährig verkehrenden TEE 17/16 zwischen Mainz und München ein. Er befuhr zwischen Heidelberg und Augsburg die direktere Strecke über Bruchsal und Ulm und wurde im Sommer bis Salzburg verlängert.

Nach der letzten planmäßigen Fahrt des Rheingold am 30. Mai 1987 verschwand nicht nur ein legendärer Zug von den Gleisen der Deutschen Bundesbahn, auch das TEE-System verlor mit ihm einen seiner letzten Vertreter und verschwand aus dem Bild der hochwertigen Reisezüge in Deutschland.

Nach der Bahnreform kamen die noch vorhandenen »Rheingold«-Loks zu DB Autozug. Dort werden sie vor Plan- aber auch vor Sonderzügen eingesetzt. So zieht 113 268 am 19. April 2010 den PbZ 1961 durch Fellbach. Foto: M. Dahlbeck

Die orientrote 114 498 bringt am 30. Dezember 1992 den E 3708 nach Stuttgart. Hier beschleunigt die Lok ihre fünf Reisezugwagen im Bahnhof Böblingen. Foto: M. Dahlbeck

Auch der elektrische Betrieb auf der Ruhr-Sieg-Strecke wurde mit einer »Bügelfalten«-E 10 eröffnet. E 10 1312 zieht den Zug am 14. Mai 1965 an Lenhausen vorbei. *Foto: C. Bellingrodt (Slg. Dr. D. Hörnemann)*

5.5 Der Museums-Rheingold

Unter dem Namen TEE Rheingold setzt das Verkehrsmuseum Nürnberg seit 2007 einen Zug im Charter- und Touristikverkehr ein, in den einige Originalwagen der Züge von 1962 eingereiht sind. Neben Abteil- und Großraumwagen führt der Zug auch wieder einen Aussichtswagen. Nachdem die DB diese Wagen abgestellt hatte, gelangten sie zu unterschiedlichen Reisebüros und schließlich nach Schweden. Vier Fahrzeuge konnten 2005 nach Deutschland zurückgeholt werden, einer davon befindet sich nun im DB-Zug. Bespannt wird der Zug meist von einer der wenigen noch vorhandenen Loks der Baureihe 103, eine E 10^{12} steht leider nicht mehr zur Verfügung.

Der Freundeskreis Eisenbahn Köln (FEK) betreut neben einigen erhaltenen Wagen des Rheingold von 1928 auch Fahrzeuge aus dem Rheingold von 1962. So hat der Verein einen Aussichtswagen, den letzten erhaltenen Buckelspeisewagen und einige Sitzwagen in seinem Bestand. Die Wagen wurden wieder in der Farbvariante mit blauer Brüstung und cremefarbenem Fensterband gestrichen und werden in Sonderzügen in ganz Deutschland eingesetzt.

Seit 2006 kümmert sich der Lokomotiv-Club 103 e. V. in Wuppertal um die zuletzt in Stuttgart beheimatete 110 239, die ihm von der DB als Dauerleihgabe überlassen wurde. Weil diese Lok als Übergangs-E 10 mit der Nummer E 10 1239 vor dem Rheingold unterwegs war, kam den Vereinsmitgliedern der Gedanke, die Lok in diesem Aussehen wieder aufzubauen. Die zuletzt verkehrsrot lackierte Maschine bekam wieder ihr altes Aussehen mit alten Lüftern, geteilten Seitenfernstern, umlaufenden Regenrinnen und den alten Aufsteigen an den Stirnseiten. Die zweifarbige Lackierung, Gussschilder und zahlreiche weitere Details geben der Lok den letzten Schliff. Zum 50-jährigen Jubiläum des 1962er-Rheingold im Jahre 2012 soll die Lok mit den passenden Wagen auf einigen Sonderfahrten zu bestaunen sein.

6.

Die Versuchslokomotiven E 10 299 und E 10 300

Mit 110 300 wurden zahlreiche Untersuchungen zur Entwicklung der Baureihe 103 durchgeführt. Nach dem Ende der Messeinsätze kam sie in den Plandienst. Am 20. August 1980 steht sie in Rheine. *Foto: M. Dahlbeck*

Außer E 10 299 und E 10 300 waren auch andere E-10 an Messeinsätzen beteiligt. So sind V 320 001 und E 10 1270 im August 1963 gemeinsam mit einem Messwagen zwischen Bamberg und Nürnberg unterwegs. *Foto: C. Bellingrodt (Slg. Dr. D. Hörnemann)*

Die »magische Grenze« von 200 km/h: Schon beim Start der 160 km/h schnellen F-Züge Rheingold und Rheinpfeil mit den neuen Loks der Baureihe E 10^{12} plante die DB eine Geschwindigkeit von 200 km/h für das F-Zug-Netz an. Nun kam die bei der Entwicklung der elektrischen Einheitslokomotiven verworfene Baureihe E 01 wieder auf den Tisch. Allerdings war sie nur für eine Höchstgeschwindigkeit von 180 km/h vorgesehen gewesen und noch nicht in die konkrete Konstruktionsphase gelangt. Deshalb mussten die Überlegungen ganz vorn beginnen. Die Hauptverwaltung der Bundesbahn (HVB) und das Bundesbahn Zentralamt (BZA) betrauten deshalb im März 1961 die deutsche Lokomotivbau- und Elektroindustrie mit der Entwicklung und dem Bau einer als Baureihe E 03 bezeichneten Schnellfahrlokomotive, die in der Lage sein sollte, einen 400 Tonnen schweren Schnellzug in der Ebene mit 200 km/h zu befördern. Das entspricht einem vollbesetzten Zug mit sieben bis acht modernen Schnellzugwagen. Bei einer Anhängelast von 300 Tonnen sollten die 200 km/h auch noch in einer Steigung von 5 Promille erreicht werden.

In der Anfangsphase konnten nur wenige Streckenabschnitte für 160 bzw. 200 km/h umgebaut werden, sodass man von häufigem Bremsen und Beschleunigen ausging. Deshalb wurde eine Leistung von mindesten 5.000 kW gefordert, damit die Züge innerhalb von 160 Sekunden auf ihre Endgeschwindigkeit beschleunigt werden konnten.

Um die hohen Traktionsleistungen sicher auf das Gleis zu bringen und die zulässigen Radsatzlasten der Strecken nicht zu überschreiten, entschied man sich für eine sechsachsige Lokomotive mit einer Achslast von nur 18 Tonnen, obwohl zweiachsige Drehgestelle lauftechnisch für hohe Geschwindigkeiten besser geeignet.

Bei den Schnellfahrversuchen zwischen Nürnberg und Bamberg gelang auch diese Aufnahme am Waldeinschnitt bei Strullendorf. Diesmal führt E 10 1270 den Messzug. *Foto: C. Bellingrodt, Slg. Kleine, Archiv transpress*

Um die Entwicklungsarbeit im überschaubaren Rahmen zu halten, wurden bereits im Vorfeld theoretische Überlegungen angestellt und bekannte Fakten auf deren Tauglichkeit im Hochgeschwindigkeitsbereich überprüft.
Einer der wichtigsten Punkte bestand darin, die dynamischen Beanspruchungen des Oberbaus so gering wie möglich zu halten. Deshalb wurden die Fahrmotoren in den Drehgestellen untergebracht. Weil die Treibradsätze bei dieser Konstruktion federnd in den Drehgestellen gelagert sind, mussten flexible Verbindungselemente entwickelt werden, die die Relativbewegungen zwischen Motoren und Radsätzen ausgleichen. Dies ist mit Antriebselementen möglich, bei denen die Bewegungen durch federnde Elemente aufgenommen werden (Federtopfantrieb der Baureihen 104, 117, 118, 119) oder Antriebselementen, bei denen die Bewegungen durch Lenkersysteme aufgenommen werden und kardanwellenähnlichen Antriebssystemen.
Die Lokomotivfabriken Henschel, Krupp und Krauss-Maffei lieferten Entwürfe für den mechanischen Teil. Für den elektrischen Teil reichten Brown, Boveri & Cie (BBC), die Siemens-Schuckert-Werke (SSW) und die Allgemeine Elektricitäts-Gesellschaft (AEG) ihre Vorschläge ein. Im Oktober 1961 nahm der »Fachausschuss für elektrische Triebfahrzeuge« die Entwürfe in Augenschein und verglich die unterschiedlichen Komponenten und deren Ausführung.
Um möglichst schnell einzelne Bauteile konkret ausführen und testen zu können, ließ die DB die E 10 299 und E 10 300 als Erprobungsträger für Geschwindigkeiten bis zu 200 km/h vorbereiten. Weil die beiden Loks aber nicht schnell genug zur Verfügung standen, musste für kurze Zeit die E 10 1270 einsprin-

Mit einem Schnellzug hält 110 300 am 1. März 1969 in Regensburg Hbf.

Foto: H.-G. Kleine, Archiv transpress

gen. Sie erreichte bei diesen Testfahrten eine Höchstgeschwindigkeit von 180 km/h. Ende September 1963 war dann die E 10 299 startklar für die hohen Geschwindigkeiten und ab November 1963 folgte die E 10 300.

Als Teststrecke wurde der kurvenarme Streckenabschnitt zwischen Bamberg und Forchheim ausgewählt. Neben dem Erproben der Komponenten standen auch Messungen am Oberbau und an der Oberleitung auf dem Programm, um deren Verhalten bei solch hohen Geschwindigkeiten zu untersuchen. Die Entwicklung eines Datenübertragungssystems erlaubte dem Lokführer, sich jederzeit über die zu erwartenden Signale zu informieren. So konnten die Abstände zwischen Vor- und Hauptsignalen trotz der hohen Geschwindigkeiten bei 1.000 m belassen werden, weil der Lokführer schon vor dem Sichtkontakt auf das Signal reagieren konnte.

Bei den Testfahrten erreichte E 10 299 am 28. Oktober 1963 als erste Lokomotive der Deutschen Bundesbahn die Höchstgeschwindigkeit von 200 km/h. E 10 300 folgte am 22. November 1963.

Besonderes Augenmerk legten die Entwickler auf das Laufwerk, den Antrieb, die Abstützung des Lokkastens, die Drehgestelle und die Fe-

derung. Erste Untersuchungen in diese Richtung waren schon vor dem E 03-Programm an Lokomotiven der Baureihen E 10^{1} und E 10^{12} erfolgt. So war z. B. die E 10 244 lange Zeit mit den so genannten »Henschel-Schnellfahrdrehgestellen« ausgestattet, bei denen sich der Brückenrahmen mittels Gleitplatten auf einen als Wiege bezeichneten Zwischenträger abstützt, der seinerseits über zwei parallel angeordnete Schraubenfedern mit dem Drehgestellrahmen verbunden ist. Auf eine seitliche Rückstelleinrichtung des mit Gummifedern ausgerüsteten Drehzapfenlagers wurde verzichtet.
Auch die E 10 108 verfügte über Schnellfahrdrehgestelle, allerdings von Krauss-Maffei. Hier dienten zwei vierteilige Gummifedern als Flexicoil-Abstützung des Rahmens. Sie übertrugen sowohl die vertikalen als auch die horizontalen Längs- und Querkräfte. Zweistufig einstellbare Hydraulikdämpfer verminderten Vertikalbewegungen. Horizontalbewegungen blieben ungedämpft. Drei Gummischeiben mit Stahlzwischenringen federten die Radsätze.
Krupp montierte seine Schnellfahrdrehgestelle unter der E 10 170. Bei dieser Bauart waren die Radsätze ebenfalls mit Gummirollfedern ausgestattet. Flexicoil-Schraubenfedern mit einem Gummipuffer als Queranschlag stellten die Verbindung zwischen Brückenrahmen und Drehgestellen her. Hydraulikdämpfer verminderten Bewegungen in horizontaler und vertikaler Richtung.
Die Versuche ergaben, dass vertikal wirkende Dämpfer keinen positiven Einfluss auf das Laufverhalten haben. In ungünstigen Situationen leiten sie sogar zusätzliche Bewegungen an den Lokkasten weiter und beeinflussen das Fahrverhalten dadurch eher negativ. Während der Bau der von Krauss-Maffei und Krupp gelieferten Drehgestelle nicht weiterverfolgt wurde, kam die Bauart von Henschel unter den Lokomotiven E 10 1265 – 1270 und E 10 1308 – 1312 zum Einsatz.
Auch unter den E 10 299 und 300 kamen diese Drehgestelle zum Einsatz. Lager, Führung und Federung der Radsätze wurden dafür allerdings geändert, während die Abstützung des Lokkastens unverändert übernommen wurde. Auch die Getriebeübersetzungen wurden modifiziert. Sie wurde von 1:1,915 bei den Serien-E 10^{12} auf 1:1,584 bei der E 10 299 und 1:1,571 bei der E 10 300 geändert.
Unter dem Lagergehäuse der E 10 299 waren Blatttragfedern angeordnet und das Federgehänge mit Gummipuffern ausgestattet. Die E 10 300 hingegen erhielt zwei Schraubenfedern mit Gummipuffern, parallele Hydraulikdämpfer und waagebalkenartige Ausgleichshebel.
Die hohen Geschwindigkeiten erforderten lemniskatengeführte Radsatzlenker. Zur besseren Lagerung wurden zudem Doppelzylinderrollenlager eingebaut. Bei diesen Lagern nehmen Außenborde an den Lagerschalen die Querkräfte auf. Verschiedene Radsatzlagerbauarten waren schon zuvor an den Lokomotiven E 10 105 (normale Pendelrollenlager), E 10 1265 und 1270 (C-Pendelrollenlager) sowie der E 10 108 (Doppelzylinderrollenlager) getestet worden. Temperaturmessungen an den Kugelrillenlagern der E 10 299 ergaben eine maximale Temperatur von nur 60°C gegenüber den bei einer Außentemperatur von 27°C zugelassenen 80°C. Die Zylinderrollenlager der E 10 300 erreichten eine Temperatur von 69°C. Diese Ergebnisse trugen zur Entscheidung bei, Kugelrillenlager für die Loks der Baureihe E 03 zu verwenden.
Zwei Antriebskonzepte standen zur Auswahl, mit denen sich die geforderte Antriebsleistung von den Fahrmotoren auf die Treibräder übertragen ließ. Die E 10 299 wurde mit dem von Henschel entwickelten Verzweigerantrieb ausgestattet. Die E 10 300 erhielt einen von SSW gebauten Gummiring-Kardanantrieb.
Im Gegensatz zum Gummiring-Federantrieb sind beim Gummiring-Kardanantrieb die Fahrmotoren direkt ins Drehgestell eingebaut. So werden die ungefederten Massen klein gehalten und die starken Erschütterungen bei hohen Geschwindigkeiten gedämpft sowie die Bewegungen zwischen Radsatz und Fahrmotor ausgeglichen.
Die Tests ergaben eine gewisse Überlegenheit des Gummiring-Kardanantriebs der E 10 300 gegenüber dem Verzweigerantrieb der E 10 299, dessen konstruktiv bedingte Unwuchten die Zugkraft bei hohen Geschwindigkeiten ungünstig beeinflusste. Ein weiterer Vorteil des Gummiring-Kardanantriebs ist das um rund 500 kg geringere Gewicht dieses Antriebs.
Abschließend konnte sich jedoch keines der Antriebskonzepte endgültig durchsetzten, so dass für die Prototyp-Lokomotiven der Baureihe E 03 beide Antriebsarten vorgesehen wurden.
Die Schnellfahrdrehgestelle der E 10 300 kamen im November 1971 unter die 110 466. Sie diente damit als Erprobungsträger für die Baureihe 111. Nach dem Ende der Untersuchungen bekam sie wieder Regeldrehgestelle.

Der Verzweigerantrieb

Beim Verzweigerantrieb ist der Fahrmotor fest auf einem Gehäuse gelagert, in dem eine Hohlwelle läuft, die auf beiden Seiten ein Großrad mit Zahnung aufweist. Das Motorritzel treibt das Großrad an indem es in diese Zahnung greift. Zwei Mitnehmerbolzen in den Großrädern ragen in die Treibradscheiben hinein und sind über Bolzen und ein Viergelenk mit diesen verbunden. So übertragen die Bolzen das Drehmoment des Großrades auf die Treibräder. Die gelenkige Verbindung zwischen Groß- und Treibrad ist notwendig, um Federbewegungen auszugleichen.
Der Gummiring-Kardanantrieb hat nur auf einer Seite ein Motorritzel, das ebenfalls auf ein Großrad wirkt. Von dort wird das Drehmoment über Kardanwellen auf das Treibrad übertragen. Die Kardanwelle ist auf der Großradseite über Lenker verbunden, während auf der Treibradseite Gummiringfedersegmente eingebaut sind.

Große Aufmerksamkeit wurde auch dem Verhalten des Stromabnehmers bei hohen Fahrgeschwindigkeiten zuteil. Zunächst waren beide Loks mit normalen Scherenstromabnehmern der Bauart DBS 54 ausgestattet, die ihre Betriebssicherheit bei Geschwindigkeiten bis 160 km/h bereits genügend unter Beweis gestellt hatten.
Bei höheren Geschwindigkeiten konnte die Pendelwippe jedoch Unregelmäßigkeiten der Fahrleitung nicht mehr ausgleichen, weil der Staudruck und die Reibung der Wippe am Fahrdraht zu stark anstiegen. Auch die Schere des Stromabnehmers konnte die Fahrdrahtunregelmäßigkeiten nicht verarbeiten, sodass es zum Abheben des Stromabnehmers und zur Funkenbildung kam.
Für die Stromabnehmerversuche wurde die E 10 1270 mit einem speziellen Messwagen gekuppelt und für eine Höchstgeschwindigkeit von 180 km/h zugelassen. Zunächst behielt man die Bauart DBS 54 bei und stattete sie mit Versuchswippen verschiedener Hersteller aus. Später wurden auch komplette Neukonstruktionen getestet. Insgesamt wurden zwölf unterschiedliche Stromabnehmer-Bauformen unter die Lupe genommen.
Letztendlich kristallisierten sich zwei Bauarten heraus, mit denen weitere Untersuchungen auf den E 10 299 und E 10 300 durchgeführt wurden. Zum einen handelte es sich um den altbewährten Scherenstromabnehmer DBS 54, allerdings mit einer neuen Wippe der Bauart Wanisch. Diese Wippe stammte von den Wanisch und Wiener Starkstromwerken (WSW) und ist auf österreichischen Elloks weit verbreitet. Als zweite Bauart konstruierte WSW einen neuen Einholmstromabnehmer, den späteren SBS 65. Die Ergebnisse der Messungen ergaben keinen eindeutigen Vorsprung einer Bauart, deshalb wurde beide auf den Vorserien-E 03 weiter untersucht. Um die Temperaturbeständigkeit der einzelnen Bauteile untersuchen zu können, wurden Fahrten bei Temperaturen zwischen – 11°C und + 30°C durchgeführt. Zusätzlich stand zeitweise die Klimakammer der Versuchsanstalt Wien-Arsenal zur Verfügung.
Bei den Fahr- und Bremssteuerungen überzeugte die in der E 10 300 eingebaute Ausführung der Automatischen Fahr- und Bremssteuerung (AFB). Sie wurde in angepasster Form in der E 03 verwendet.

Automatische Fahr- und Bremssteuerung (AFB)

Die AFB hat die Aufgabe, die Lokomotive auf eine vom Triebfahrzeugführer vorgewählte Geschwindigkeit zu beschleunigen oder abzubremsen und diese Geschwindigkeit weiter zu halten. Der Triebfahrzeugführer gibt dazu über einen V_{soll}-Steller eine Geschwindigkeit vor und die AFB stellt dann die nötigen Zug- und Bremskräfte automatisch ein. Die AFB kann vom Fahrzeugführer jederzeit kurzzeitig oder ganz abgeschaltet werden.

Die Versuchseinsätze der beiden E 10 trugen in großem Umfang zur Entwicklung der Baureihe E 03 bei.
Nachdem ab 1965 die Vorserien-Loks der Baureihe E 03 zur Verfügung standen, wurden die E 10 299 und E 10 300 in Serienmaschinen umgebaut und in den normalen Umläufen der Baureihe E 10 eingesetzt.
Die 110 299 quittierte ihren Dienst Anfang März 2004 in Braunschweig. Die 110 300 wurde im April 2011 in Trier von der Ausbesserung zurückgestellt, war aber noch in den Bestandslisten der DB AG zu finden. Sie wurde an den »Verein Baureihe E 10 e. V.« in Köln ausgeliehen, der sich die museale Erhaltung dieser besonderen Lokomotive vorgenommen hat. Damit hat die Maschine mehr Glück als ihre Schwester 110 299, die im Januar 2006 bei der Bender in Opladen verschrottet wurde.

7.

Verbleib

110 222 war eine der ersten blauen Kasten-E 10 mit DB-Emblem an den Stirnseiten. Hier verlässt sie am 26. September 1981 mit D 481 »Schweizerland« den Bahnhof von Böblingen. *Foto: M. Dahlbeck*

Nummer	Abnahmejahr	erstes Bw		Datum	letzte Bw	Verbleib
110 001-5	1953	München Hbf	+	26.06.1975	Nürnberg	
110 002-3	1953	München Hbf	+	27.10.1977	Nürnberg	
110 003-1	1953	Nürnberg Hbf	+	28.10.1976	Nürnberg	
110 004-9	1953	München Hbf	+	27.01.1977	Nürnberg	
110 005-7	1953	München Hbf	+	30.08.1979	Nürnberg	
110 101-3	1957	Offenburg	+	13.10.2000	Frankfurt 1	
110 102-1	1957	Offenburg	+	30.08.2000	Frankfurt 1	
110 103-9	1957	Offenburg	+	31.12.2001	Frankfurt 1	
110 104-7	1957	Offenburg	+	25.10.1988	Frankfurt 1	
110 105-4	1957	Heidelberg	+	19.09.2003	Braunschweig	
110 106-2	1957	Heidelberg	+	07.01.2008	Berlin-Rummelsburg	
110 107-0	1957	Offenburg	+	15.01.2003	Braunschweig	
110 108-8	1957	Offenburg	+	15.11.2000	Frankfurt 1	
110 109-6	1957	Offenburg	+	15.06.2001	Frankfurt 1	
110 110-4	1957	Heidelberg	+	15.06.2001	Frankfurt 1	
110 111-2	1957	Offenburg	+	14.02.2002	München Hbf	
110 112-0	1957	Heidelberg	+	28.02.2004	München Hbf	
110 113-8	1957	Heidelberg	+	20.01.2002	Braunschweig	
110 114-6	1957	Heidelberg	U	10.12.2005		115 114-1
110 115-3	1957	Heidelberg	+	15.11.2007	Dortmund Bbf	
110 116-1	1958	Heidelberg	U	10.12.2005		115 116-6
110 117-9	1958	Heidelberg	+	15.11.2000	Köln-Deutzerfeld	
110 118-7	1958	Heidelberg	z	13.03.2004	Köln-Deutzerfeld	zerlegt 10.2004
110 119-5	1958	Heidelberg	+	31.12.2002	Köln-Deutzerfeld	
110 120-3	1958	Heidelberg	+	17.02.2006	Köln-Deutzerfeld	
110 121-1	1958	Heidelberg	+	15.01.2002	Köln-Deutzerfeld	DB Museum
110 122-9	1958	Koblenz	U	14.03.1994		139 122-6
110 123-7	1958	Koblenz	+	01.01.2001	Köln-Deutzerfeld	
110 124-5	1958	Heidelberg	+	03.05.2000	Köln-Deutzerfeld	
110 125-2	1958	Koblenz	+	30.08.2004	Köln-Deutzerfeld	

Nummer	Abnahmejahr	erstes Bw		Datum	letzte Bw	Verbleib
110 126-0	1958	Heidelberg	+	09.10.2001	Köln-Deutzerfeld	
110 127-8	1958	Koblenz	+	15.02.2002	Köln-Deutzerfeld	
110 128-6	1958	Koblenz	+	09.10.2001	Köln-Deutzerfeld	
110 129-4	1958	Koblenz	+	15.11.2000	Köln-Deutzerfeld	
110 130-2	1958	Koblenz	+	27.01.2004	Köln-Deutzerfeld	
110 131-0	1958	Koblenz	+	15.01.2002	Köln-Deutzerfeld	
110 132-8	1957	Offenburg	+	31.12.2002	Köln-Deutzerfeld	
110 133-6	1957	Offenburg	+	09.10.2001	Köln-Deutzerfeld	
110 134-4	1957	Offenburg	+	17.09.2002	Köln-Deutzerfeld	
110 135-1	1957	Frankfurt (Main) 1	+	17.09.2002	Köln-Deutzerfeld	
110 136-9	1957	Frankfurt (Main) 1	+	30.03.2001	Köln-Deutzerfeld	
110 137-7	1958	Frankfurt (Main) 1	+	30.03.2001	Köln-Deutzerfeld	
110 138-5	1958	Frankfurt (Main) 1	+	25.11.2004	Kiel	
110 139-3	1958	Frankfurt (Main) 1	U	04.04.1995		139 139-0
110 140-1	1958	Stuttgart	+	12.06.2003	Köln-Deutzerfeld	
110 141-9	1958	Frankfurt (Main) 1	+	07.12.2005	Dortmund Bbf	
110 142-7	1958	Koblenz	+	17.10.2008	Köln-Deutzerfeld	
110 143-5	1958	Koblenz	+	31.07.2001	Köln-Deutzerfeld	
110 144-3	1958	Koblenz	+	20.12.2005	Köln-Deutzerfeld	
110 145-0	1958	Koblenz	U	15.09.1993		139 145-7
110 146-8	1958	Koblenz	+	12.06.2003	Köln-Deutzerfeld	
110 147-6	1958	Koblenz	+	01.01.2001	Köln-Deutzerfeld	
110 148-4	1958	Koblenz	U	25.06.2007		115 148-9
110 149-2	1958	Koblenz	+	17.09.2002	Köln-Deutzerfeld	
110 150-0	1958	Koblenz	+	28.03.2001	Köln-Deutzerfeld	
110 151-8	1958	Koblenz	+	08.04.2002	Köln-Deutzerfeld	
110 152-6	1957	Offenburg	U	31.12.2006		115 152-1
110 153-4	1957	Offenburg	+	04.02.2005	Köln-Deutzerfeld	
110 154-2	1957	Offenburg	U	31.12.2005		115 154-2
110 155-9	1957	Offenburg	+	11.05.2001	Köln-Deutzerfeld	

Nummer	Abnahmejahr	erstes Bw		Datum	letzte Bw	Verbleib
110 156-7	1957	Frankfurt (Main) 1	U	10.12.2005		115 156-2
110 157-5	1957	Frankfurt (Main) 1	U	29.12.1993		139 157-2
110 158-3	1957	Frankfurt (Main) 1	+	18.02.2005	Köln-Deutzerfeld	
110 159-1	1957	Frankfurt (Main) 1	U	08.04.2006		115 159-6
110 160-9	1957	Frankfurt (Main) 1	+	07.03.2002	Dortmund Bbf	
110 161-7	1957	Frankfurt (Main) 1	+	15.02.2000	Köln-Deutzerfeld	
110 162-5	1957	Stuttgart	+	09.10.2001	Köln-Deutzerfeld	
110 163-3	1957	Stuttgart	+	30.11.1994	Frankfurt 1	
110 164-1	1958	Stuttgart	+	25.09.2001	Saabrücken	
110 165-8	1958	Stuttgart	+	28.12.2001	Stuttgart	
110 166-6	1958	Stuttgart	U	29.03.2009		115 166-1
110 167-4	1958	Stuttgart	+	23.06.2004	Trier	

Nach einem Unfall wurde 110 107 mit einem »Bügelfalten«-Lokkasten neu aufgebaut. Mit weißen Pufferringen fährt sie am 30. Juli 1984 in Karlsruhe Hbf zu einem neuen Einsatz. *Foto: M. Dahlbeck*

Nummer	Abnahmejahr	erstes Bw		Datum	letzte Bw	Verbleib
110 168-2	1957	Heidelberg	+	07.07.2004	Trier	
110 169-0	1957	Heidelberg			Minden (Westfalen)	
110 170-8	1958	Heidelberg	+	30.06.2003	Trier	
110 171-6	1958	Heidelberg	+	25.03.2003	Trier	
110 172-4	1958	Heidelberg	U	13.01.1995		139 172-1
110 173-2	1958	Heidelberg	+	14.05.2005	München Hbf	
110 174-0	1958	Heidelberg	+	16.04.2004	München Hbf	
110 175-7	1958	Heidelberg	+	16.06.2009	München Hbf	
110 176-5	1958	Heidelberg	+	15.01.2001	Stuttgart	
110 177-3	1958	Heidelberg	U	11.01.1995		139 177-0
110 178-1	1958	Heidelberg	U	10.12.2005		115 178-6
110 179-9	1958	Heidelberg	+	31.10.2001	Stuttgart	
110 180-7	1958	Heidelberg	+	13.05.2005	München Hbf	
110 181-5	1958	Heidelberg	+	12.05.2005	München Hbf	
110 182-3	1958	Heidelberg	+	07.02.2006	München Hbf	
110 183-1	1958	Heidelberg	+	31.10.2001	Köln-Deutzerfeld	
110 184-9	1958	Heidelberg	+	14.12.2004	München Hbf	
110 185-6	1958	Stuttgart	+	30.11.2000	Stuttgart	
110 186-4	1958	Stuttgart	+	17.05.2005	München Hbf	
110 187-2	1958	Stuttgart	+	08.02.2006	München Hbf	
110 188-0	1958	Stuttgart	+	09.02.2006	München Hbf	
110 189-8	1958	Stuttgart	+	04.02.2006	München Hbf	
110 190-6	1958	Stuttgart	+	20.12.2004	München Hbf	
110 191-4	1958	Stuttgart	+	16.06.2008	München Hbf	
110 192-2	1958	Stuttgart	+	22.12.2004	München Hbf	
110 193-0	1958	Stuttgart	+	30.11.2000	Stuttgart	
110 194-8	1958	Koblenz	+	15.01.2001	Stuttgart	
110 195-5	1958	Stuttgart	+	12.05.2005	München Hbf	
110 196-3	1958	Frankfurt (Main) 1	+	15.02.2002	Stuttgart	
110 197-1	1958	Frankfurt (Main) 1	+	03.02.2006	München Hbf	

Nummer	Abnahmejahr	erstes Bw		Datum	letzte Bw	Verbleib
110 198-9	1958	Frankfurt (Main) 1	U	10.12.2005		115 198-4
110 199-7	1958	Heidelberg	+	31.12.2001	Stuttgart	
110 200-3	1958	Heidelberg	+	13.05.2011	Dortmund Bbf	
110 201-1	1958	Koblenz	+	09.12.2005	Dortmund Bbf	
110 202-9	1958	Koblenz	+	10.01.2007	Dortmund Bbf	
110 203-7	1958	Koblenz	+	19.06.2007	Dortmund Bbf	
110 204-5	1958	Koblenz	+	15.01.2001	Dortmund Bbf	
110 205-2	1958	Koblenz	U	10.12.2005		115 205-7
110 206-0	1958	Koblenz	+	13.04.2001	Dortmund Bbf	
110 207-8	1959	Koblenz	+	17.08.2006	Dortmund Bbf	
110 208-6	1958	Koblenz	+	18.02.2006	Dortmund Bbf	
110 209-4	1958	Koblenz	U	31.12.2008		115 209-9
110 210-2	1958	Koblenz	+	01.02.2011	Dortmund Bbf	DB-Museum
110 211-0	1958	Frankfurt (Main) 1	U	10.12.2005		115 211-5
110 212-8	1958	Frankfurt (Main) 1	+	15.02.2001	Dortmund Bbf	
110 213-6	1958	Frankfurt (Main) 1	U	22.12.1994		139 213-3
110 214-4	1959	Frankfurt (Main) 1	U	17.01.1995		139 214-1
110 215-1	1959	Frankfurt (Main) 1	+	15.02.2001	Dortmund Bbf	
110 216-9	1960	Stuttgart	+	28.03.2008	Dortmund Bbf	
110 217-7	1960	Stuttgart	+	31.10.2001	Stuttgart	
110 218-5	1961	Stuttgart	+	28.12.2001	Stuttgart	
110 219-3	1961	Stuttgart	+	31.10.2001	Stuttgart	
110 220-1	1961	Heidelberg	+	15.06.2001	Stuttgart	
110 221-9	1961	Heidelberg	+	30.04.2001	Stuttgart	
110 222-7	1961	Dortmund Bbf	U	23.02.1995		139 222-4
110 223-5	1961	Dortmund Bbf	+	24.08.2011	München Hbf	DB-Museum
110 224-3	1961	Dortmund Bbf	U	10.12.2005		115 224-8
110 225-0	1961	Dortmund Bbf	+	21.07.2003	Trier	
110 226-8	1961	Köln-Deutzerfeld	+	28.12.2001	Stuttgart	
110 227-6	1961	Stuttgart	+	30.11.2000	Stuttgart	

Nummer	Abnahmejahr	erstes Bw		Datum	letzte Bw	Verbleib
110 228-4	1961	Stuttgart	+	30.06.2003	Stuttgart	DB-Museum (IG Einheitslokomoti-ven e.V.
110 229-2	1961	Stuttgart	+	20.02.2006	München Hbf	
110 230-0	1961	Stuttgart	U	10.12.2005		115 230-5
110 231-8	1961	Stuttgart	+	20.01.2011	Dortmund Bbf	
110 232-6	1961	Stuttgart	+	07.01.2008	Berlin-Rummelsburg	
110 233-4	1961	Stuttgart	+	06.02.2006	München Hbf	
110 234-2	1961	Stuttgart	+	02.10.2004	Stuttgart	
110 235-9	1961	Stuttgart	+	11.06.2004	Stuttgart	
110 236-7	1961	Stuttgart	+	03.06.2011	Dortmund Bbf	
110 237-5	1961	Stuttgart	+	20.12.2007	Stuttgart	
110 238-3	1961	Stuttgart	+	10.02.2006	Stuttgart	

Im Frühjahr 1977 steht die Dortmunder 112 309 im Bahnbetriebswerk Saarbrücken für einen neuen Einsatz bereit. Die Lok hat lange Klatte-Lüfter, kein Maschinenraumfenster und UIC-Griffe. *Foto: Th. Estler*

Nummer	Abnahmejahr	erstes Bw		Datum	letzte Bw	Verbleib
110 239-1	1962	Heidelberg	+	05.07.2006	Stuttgart	DB-Museum (Lokomotivclub 103 e.V. Wuppertal
110 240-9	1962	Heidelberg	+	20.07.2001	Stuttgart	
110 241-7	1962	Heidelberg	+	30.11.2000	Stuttgart	
110 242-5	1962	Heidelberg	+	16.06.2004	Stuttgart	
110 243-3	1962	Heidelberg	+	30.05.2011	Dortmund Bbf	
110 244-1	1962	Heidelberg	+	17.07.2006	Dortmund Bbf	
110 245-8	1962	Dortmund Bbf	+	18.10.2007	Dortmund Bbf	
110 246-6	1962	Köln-Deutzerfeld	U	01.12.1994		139 246-3
110 247-4	1962	Dortmund Bbf	+	31.01.2001	Dortmund Bbf	
110 248-2	1962	Köln-Deutzerfeld	+	25.09.2001	Saabrücken	
110 249-0	1962	Köln-Deutzerfeld	+	16.02.2006	Dortmund Bbf	
110 250-8	1963	Nürnberg Hbf	U	03.11.1994		139 250-5
110 251-6	1963	Nürnberg Hbf	+	24.03.2005	Dortmund Bbf	
110 252-4	1963	Nürnberg Hbf	+	21.06.2007	Dortmund Bbf	
110 253-2	1963	Nürnberg Hbf	+	28.03.2001	Braunschweig	
110 254-0	1963	Nürnberg Hbf	+	15.01.2001	Dortmund Bbf	
110 255-7	1963	Hannover	U	15.06.1993		139 255-4
110 256-5	1963	Hannover	+	11.02.2006	Stuttgart	
110 257-3	1963	Hannover	+	04.10.2004	Stuttgart	
110 258-1	1963	Hannover	+	22.11.2004	Kiel	
110 259-9	1963	Hannover	+	15.12.2000	Braunschweig	
110 260-7	1963	Hannover	U	04.05.1994		139 260-4
110 261-5	1962	Köln-Deutzerfeld	U	09.01.2008		115 261-0
110 262-3	1962	Dortmund Bbf	U	08.04.1994		139 262-0
110 263-1	1962	München Hbf	+	28.03.2001	Braunschweig	
110 264-9	1962	Heidelberg	U	16.03.1994		139 264-6
110 271-4	1963	Nürnberg Hbf	+	05.07.2004	Trier	
110 272-2	1963	Frankfurt (Main) 1	+	18.06.2008	München Hbf	
110 273-0	1963	Frankfurt (Main) 1	+	05.07.2004	Trier	

Nummer	Abnahmejahr	erstes Bw		Datum	letzte Bw	Verbleib
110 274-8	1963	Frankfurt (Main) 1	+	13.02.2006	Stuttgart	
110 275-5	1963	Nürnberg Hbf	+	16.06.2004	Stuttgart	
110 276-3	1963	Nürnberg Hbf	+	05.04.2006	Dortmund Bbf	
110 277-1	1963	Nürnberg Hbf	+	30.03.2001	Köln-Deutzerfeld	
110 278-9	1963	Nürnberg Hbf	U	31.12.2008		115 278-4
110 279-7	1963	Nürnberg Hbf	+	08.05.2003	Köln-Deutzerfeld	
110 280-5	1963	Nürnberg Hbf	+	29.10.2007	Dortmund Bbf	
110 281-3	1963	München Hbf	+	19.12.2006	Stuttgart	DB-Regio (Eisenbahn Erlebniswelt Horb)
110 282-1	1963	Dortmund Bbf	+	07.06.2004	Stuttgart	
110 283-9	1963	Dortmund Bbf	U	21.06.1993		139 283-6
110 284-7	1963	Dortmund Bbf	+	19.07.2011	Dortmund Bbf	
110 285-4	1963	Dortmund Bbf	U	10.06.1994		139 285-1
110 286-2	1963	Dortmund Bbf	+	23.07.2008	Berlin-Rummelsburg	
110 287-0	1963	Dortmund Bbf	U	07.07.1994		139 287-7
110 288-8	1964	Nürnberg Hbf	+	07.01.2008	Berlin-Rummelsburg	
110 289-6	1964	Nürnberg Hbf	+	07.01.2008	Berlin-Rummelsburg	
110 290-4	1964	Frankfurt-Griesheim	+	11.05.2001	Saabrücken	
110 291-2	1964	Dortmund Bbf	+	14.02.2006	Stuttgart	
110 292-0	1964	Stuttgart	z	13.06.2010	München Hbf	DB-Museum
110 293-8	1964	Stuttgart	U	10.12.2005		115 293-3
110 294-6	1964	Heidelberg	+	15.01.2001	Stuttgart	
110 295-3	1964	Dortmund Bbf	z	07.03.2011	Trier	
110 296-1	1964	Frankfurt (Main) 1	+	30.11.2000	Braunschweig	
110 297-9	1964	Stuttgart	+	07.07.2004	Trier	
110 298-7	1964	Nürnberg Hbf	+	30.11.2000	Braunschweig	
110 299-5	1963	Nürnberg Hbf	+	03.01.2006	Braunschweig	
110 300-1	1963	Nürnberg Hbf	z	05.04.2011	Trier	
110 301-9	1963	Hannover	+	23.11.2004	Kiel	
110 302-7	1963	Hannover	U	10.12.2005		115 302-2

Nummer	Abnahmejahr	erstes Bw		Datum	letzte Bw	Verbleib
110 303-5	1963	Hannover	+	13.12.2004	Braunschweig	
110 304-3	1963	Dortmund Bbf	+	15.01.2002	Köln-Deutzerfeld	
110 305-0	1963	Dortmund Bbf	+	28.02.1998	Köln-Deutzerfeld	
110 306-8	1963	Heidelberg	+	13.02.2006	Stuttgart	
110 307-6	1963	Heidelberg	U	31.03.2006		115 307-1
110 313-4	1963	Köln-Deutzerfeld	+	15.05.1993	Köln-Deutzerfeld	
110 314-2	1963	Köln-Deutzerfeld	+	31.07.2000	Braunschweig	
110 315-9	1963	Köln-Deutzerfeld	+	06.02.2006	München Hbf	
110 316-7	1963	Köln-Deutzerfeld	+	16.03.2010	München Hbf	
110 317-5	1963	Nürnberg Hbf	+	19.11.2004	Kiel	
110 318-3	1963	Köln-Deutzerfeld	U	11.12.2005		115 318-8
110 319-1	1963	Köln-Deutzerfeld	+	07.06.2004	Stuttgart	
110 320-9	1963	Köln-Deutzerfeld	+	01.2012	München Hbf	
110 321-7	1963	Köln-Deutzerfeld	+	22.04.2009	Dortmund Bbf	
110 322-3	1963	Köln-Deutzerfeld	+	25.03.2010	München Hbf	
110 323-3	1963	Köln-Deutzerfeld	U	10.12.2005		115 323-8
110 324-1	1964	München Hbf	+	17.01.2011	Dortmund Bbf	
110 325-8	1964	München Hbf	+	26.04.2010	Dortmund Bbf	
110 326-6	1964	Dortmund Bbf	z	15.04.2011	Trier	
110 327-4	1963	Köln-Deutzerfeld	U	11.12.2005		115 327-9
110 328-2	1964	Hannover	+	19.07.2007	Braunschweig	
110 329-0	1964	Heidelberg	+	18.01.2011	Dortmund Bbf	
110 330-8	1964	Heidelberg	+	02.01.2006	Braunschweig	
110 331-6	1964	Frankfurt (Main) 1	U	30.04.2008		115 331-1
110 332-4	1964	Frankfurt (Main) 1	U	30.04.2008		115 332-9
110 333-2	1964	Stuttgart	+	08.04.2011	München Hbf	
110 334-0	1964	Stuttgart	+	15.12.2000	Frankfurt 1	
110 335-7	1964	Nürnberg Hbf	+	07.10.2005	Trier	
110 336-5	1964	Frankfurt (Main) 1	U	10.12.2005		115 336-0
110 337-3	1964	München Hbf	+	12.06.2008	Köln-Deutzerfeld	

Nummer	Abnahmejahr	erstes Bw		Datum	letzte Bw	Verbleib
110 338-4	1964	Nürnberg Hbf	+	18.01.2007	Dortmund Bbf	
110 339-3	1964	Nürnberg Hbf	+	07.11.2008	Dortmund Bbf	
110 340-7	1964	Dortmund Bbf	+	04.01.2008	Dortmund Bbf	
110 341-5	1964	Nürnberg Hbf	+	02.05.2005	Braunschweig	
110 342-3	1964	München Hbf	+	31.08.1998	Frankfurt 1	
110 343-1	1964	München Hbf	+	19.01.2011	Dortmund Bbf	
110 344-9	1964	München Hbf	z	09.09.2009	Dortmund Bbf	
110 345-6	1964	München Hbf	+	27.03.2006	München Hbf	
110 346-4	1964	München Hbf	U	10.12.2005		115 346-9
110 347-2	1964	Nürnberg Hbf	+	18.01.2011	München Hbf	
110 348-0	1964	Nürnberg Hbf		30.03.2003	Frankfurt 1	DB-Museum
110 349-8	1964	Hannover	+	19.09.2003	Braunschweig	
110 350-6	1964	Hannover	U	10.12.2005		115 350-1
110 351-4	1964	Hannover	+	27.04.2010	Dortmund Bbf	
110 352-2	1964	Hannover	+	20.10.2011	Dortmund Bbf	
110 353-0	1964	Hannover	+	07.01.2008	Berlin-Rummelsburg	
110 354-8	1964	Hannover	+	07.01.2008	Berlin-Rummelsburg	
110 355-5	1965	Hannover	U	10.12.2005		115 355-0
110 356-3	1965	Hannover	+	14.10.2008	Köln-Deutzerfeld	
110 357-1	1965	Hannover	+	29.11.2004	Köln-Deutzerfeld	
110 358-9	1965	Hannover	+	27.09.2005	Braunschweig	
110 359-7	1965	Hannover	z	19.06.2008	Dortmund Bbf	
110 360-5	1965	Hannover	+	18.03.2009	Dortmund Bbf	
110 361-3	1965	Hamburg-Eidelstedt	+	15.12.2005	Köln-Deutzerfeld	
110 362-1	1965	Hannover	+	10.07.2009	Köln-Deutzerfeld	
110 363-9	1965	Hamburg-Eidelstedt	+	18.03.2010	München Hbf	
110 364-7	1965	Hamburg-Eidelstedt	+	15.12.2000	Braunschweig	
110 365-4	1965	Hamburg-Eidelstedt	+	06.11.2006	Köln-Deutzerfeld	
110 366-2	1965	Hamburg-Eidelstedt	+	25.06.2007	Köln-Deutzerfeld	
110 367-0	1965	Hamburg-Eidelstedt	+	26.03.2008	Köln-Deutzerfeld	

Nummer	Abnahmejahr	erstes Bw		Datum	letzte Bw	Verbleib
110 368-8	1965	Hamburg-Eidelstedt	+	11.11.2008	Köln-Deutzerfeld	
110 369-6	1965	Hamburg-Eidelstedt	+	04.04.2005	Freiburg	
110 370-4	1965	Hamburg-Eidelstedt	+	10.11.2006	Köln-Deutzerfeld	
110 371-2	1965	Hamburg-Eidelstedt	+	01.02.2001	Braunschweig	
110 372-0	1965	Hamburg-Eidelstedt	+	14.05.2001	Braunschweig	
110 373-8	1965	Hamburg-Eidelstedt	+	25.03.2010	Köln-Deutzerfeld	
110 374-6	1965	Hamburg-Eidelstedt	+	17.07.2009	Köln-Deutzerfeld	
110 375-3	1965	Köln-Deutzerfeld	+	29.04.2005	Braunschweig	
110 376-1	1965	Hamburg-Eidelstedt	U	29.03.2009		115 376-6
110 377-9	1965	Hamburg-Eidelstedt	+	02.09.2010	Dortmund Bbf	
110 378-7	1965	Köln-Deutzerfeld	+	07.01.2008	Berlin-Rummelsburg	
110 379-5	1965	Hamburg-Eidelstedt	+	24.08.2006	Dortmund Bbf	

1996 war 113 308 in München beheimatet. Am 8. September 1996 hat die orientrote Lok einen RegionalExpress nach Lichtenfels gebracht.
Foto: M. Dahlbeck

Nummer	Abnahmejahr	erstes Bw		Datum	letzte Bw	Verbleib
110 380-3	1965	Köln-Deutzerfeld	+	26.03.2010	Köln-Deutzerfeld	
110 381-1	1965	Hamburg-Eidelstedt	+	23.07.2008	Berlin-Rummelsburg	
110 382-9	1965	Hamburg-Eidelstedt	+	05.12.2008	Köln-Deutzerfeld	
110 383-7	1965	Frankfurt-Griesheim	U	11.12.2005		115 383-2
110 384-5	1965	Frankfurt-Griesheim	+	09.09.2004	Freiburg	
110 385-2			+	15.11.2000	Braunschweig	
110 385-2	1965	Heidelberg	U	28.04.1989		751 001-9
110 386-0	1965	Frankfurt-Griesheim	+	15.11.2000	Braunschweig	
110 387-8	1965	Frankfurt-Griesheim	+	04.01.2008	Köln-Deutzerfeld	
110 388-6	1965	Stuttgart	+	30.09.2004	Stuttgart	
110 389-4	1965	München Hbf	+	02.07.2007	Dortmund Bbf	
110 390-2	1965	München Hbf	+	29.01.1993	Frankfurt 1	
110 391-0	1965	München Hbf	+	20.02.2007	Dortmund Bbf	
110 392-8	1965	Köln-Deutzerfeld	+	20.08.2007	Köln-Deutzerfeld	
110 393-6	1965	Stuttgart	+	15.01.2001	Dortmund Bbf	
110 394-4	1965	Stuttgart	+	26.01.2007	Dortmund Bbf	
110 395-1	1965	München Hbf	+	15.11.2006	Dortmund Bbf	
110 396-9	1965	Frankfurt-Griesheim	+	__.01.2012	Braunschweig	
110 397-7	1965	Heidelberg	+	13.12.2005	Dortmund Bbf	
110 398-5	1965	Heidelberg	+	12.01.2011	Dortmund Bbf	
110 399-3	1965	Köln-Deutzerfeld	+	15.01.2007	Dortmund Bbf	
110 400-9	1965	Köln-Deutzerfeld	+	21.09.2007	Stuttgart	
110 401-7	1966	Dortmund Bbf			Ludwigshafen (Rhein)	
110 402-5	1966	Frankfurt-Griesheim		Dortmund Bbf		
110 403-3	1966	Frankfurt-Griesheim	+	09.08.2011	Braunschweig	
110 404-1	1966	Frankfurt-Griesheim	+	01.2012	Dortmund Bbf	
110 405-8	1966	Frankfurt-Griesheim	+	25.02.2009	Frankfurt 1	
110 406-6	1966	Dortmund Bbf			Frankfurt 1	
110 407-4	1966	Hamburg-Eidelstedt	+	26.02.2007	Frankfurt 1	
110 408-2	1966	Hamburg-Eidelstedt	z	11.02.2008	Stuttgart	

Nummer	Abnahmejahr	erstes Bw		Datum	letzte Bw	Verbleib
110 409-0	1966	Hamburg-Eidelstedt		Frankfurt 1		
110 410-8	1966	Hamburg-Eidelstedt		Dortmund Bbf		
110 411-6	1966	Köln-Deutzerfeld	+	14.02.2010	Frankfurt 1	
110 412-4	1966	Köln-Deutzerfeld	+	23.01.2007	Dortmund Bbf	
110 413-2	1966	Köln-Deutzerfeld	+	13.06.2008	Dortmund Bbf	
110 414-0	1966	Dortmund Bbf	+	30.07.2009	Dortmund Bbf	
110 415-7	1966	Dortmund Bbf			Dortmund Bbf	
110 416-5	1966	Dortmund Bbf			Stuttgart	
110 417-3	1966	Köln-Deutzerfeld	z	16.08.2010	Dortmund Bbf	
110 418-1	1966	Köln-Deutzerfeld			Stuttgart	
110 419-9	1966	Köln-Deutzerfeld	+	28.03.2006	Dortmund Bbf	
110 420-7	1966	Dortmund Bbf	+	12.02.2010	Köln-Deutzerfeld	
110 421-5	1966	Dortmund Bbf	+	31.01.1998	Dortmund Bbf	
110 422-3	1966	Dortmund Bbf	+	31.08.1994	Dortmund Bbf	
110 423-1	1966	Köln-Deutzerfeld	+	27.10.2009	Dortmund Bbf	
110 424-9	1966	Köln-Deutzerfeld	+	20.12.2007	Stuttgart	
110 425-6	1966	Köln-Deutzerfeld			Dortmund Bbf	
110 426-4	1966	Dortmund Bbf	+	05.07.2011	Dortmund Bbf	
110 427-2	1966	Dortmund Bbf			Dortmund Bbf	
110 428-0	1966	Frankfurt-Griesheim		Frankfurt 1		
110 429-8	1966	Frankfurt-Griesheim		Dortmund Bbf		
110 430-6	1966	Köln-Deutzerfeld	z	18.03.2009	Frankfurt-Griesheim	
110 431-4	1966	Köln-Deutzerfeld			Frankfurt 1	
110 432-2	1966	Heidelberg			Frankfurt 1	
110 433-0	1966	Heidelberg	+	01.07.1970	Offenburg	
110 434-8	1966	München Hbf			Frankfurt 1	
110 435-5	1966	Köln-Deutzerfeld			Dortmund Bbf	
110 436-3	1966	Köln-Deutzerfeld			Dortmund Bbf	
110 437-1	1966	Dortmund Bbf			Frankfurt 1	
110 438-9	1966	Dortmund Bbf			Dortmund Bbf	

Nummer	Abnahmejahr	erstes Bw		Datum	letzte Bw	Verbleib
110 439-7	1967	Dortmund Bbf	+	27.06.2007	Frankfurt 1	
110 440-5	1967	Dortmund Bbf	+	28.03.2011	München Hbf	
110 441-3	1967	Frankfurt-Griesheim		Frankfurt 1		
110 442-1	1967	Frankfurt-Griesheim	+	19.06.2007	Frankfurt 1	
110 443-9	1967	Frankfurt-Griesheim	+	__.10.2011	Frankfurt 1	
110 444-7	1967	Nürnberg Hbf	z	22.03.2010	Frankfurt-Griesheim	
110 445-4	1967	Nürnberg Hbf	+	19.09.2007	Stuttgart	
110 446-2	1967	Nürnberg Hbf			Stuttgart	
110 447-0	1967	Nürnberg Hbf	z	19.08.2011	Dortmund Bbf	
110 448-8	1967	Nürnberg Hbf	U	10.12.2005		115 448-3
110 449-6	1967	München Hbf			Dortmund Bbf	
110 450-4	1967	München Hbf	+	31.07.2009	Dortmund Bbf	

115 293 fährt als Pzb 2451 mit zwei Reisezugwagen am 8. Mai 2010 durch Bremen Hbf. *Foto: Th. Estler*

Nummer	Abnahmejahr	erstes Bw		Datum	letzte Bw	Verbleib
110 451-2	1967	Frankfurt-Griesheim	+	26.07.2011	Braunschweig	
110 452-0	1967	Frankfurt (Main) 1	z	01.11.2011	Dortmund Bbf	
110 453-8	1967	Frankfurt (Main) 1	+	07.07.2009	Braunschweig	
110 454-6	1967	Heidelberg	z	22.02.2011	Braunschweig	
110 455-3	1967	Dortmund Bbf	+	__.10.2011	Dortmund Bbf	
110 456-1	1967	Dortmund Bbf	+	23.12.2010	Dortmund Bbf	
110 457-9	1967	Köln-Deutzerfeld			Dortmund Bbf	
110 458-7	1967	Köln-Deutzerfeld	+	05.09.2007	Stuttgart	
110 459-5	1967	Köln-Deutzerfeld	U	10.12.2005		115 459-0
110 460-3	1967	Köln-Deutzerfeld	+	27.08.2009	Stuttgart	
110 461-1	1967	Köln-Deutzerfeld	+	30.10.1996	Dortmund Bbf	
110 462-9	1967	Köln-Deutzerfeld			Dortmund Bbf	
110 463-7	1967	Köln-Deutzerfeld	+	01.2012	Dortmund Bbf	
110 464-5	1967	Hamburg-Eidelstedt		Dortmund Bbf		
110 465-2	1967	Hamburg-Eidelstedt	+	23.12.2010	Braunschweig	
110 466-0	1966	Hamburg-Eidelstedt	+	13.01.2011	Braunschweig	
110 467-8	1966	Dortmund Bbf	z	27.07.2006	Dortmund Bbf	
110 468-9	1966	Köln-Deutzerfeld			Braunschweig	
110 469-7	1966	Köln-Deutzerfeld			Dortmund Bbf	
110 470-2	1966	Dortmund Bbf			Dortmund Bbf	
110 471-0	1966	Köln-Deutzerfeld	+	31.07.2008	Stuttgart	
110 472-8	1966	Dortmund Bbf	+	27.10.2010	Braunschweig	
110 473-6	1966	Köln-Deutzerfeld	+	19.01.2011	Braunschweig	
110 474-4	1966	Köln-Deutzerfeld	+	20.04.2009	Dortmund Bbf	
110 475-1	1966	Dortmund Bbf	+	23.01.2008	Braunschweig	
110 476-9	1966	Dortmund Bbf	+	12.09.2006	Braunschweig	
110 477-7	1967	Hamburg-Eidelstedt	+	31.03.1985	Dortmund Bbf	
110 478-5	1967	Hamburg-Eidelstedt	+	07.09.2007	Stuttgart	
110 479-3	1967	Köln-Deutzerfeld	+	23.11.2010	Braunschweig	
110 480-1	1967	Köln-Deutzerfeld			Dortmund Bbf	

Nummer	Abnahmejahr	erstes Bw		Datum	letzte Bw	Verbleib
110 481-9	1967	Köln-Deutzerfeld	+	11.09.2007	Dortmund Bbf	
110 482-7	1967	Köln-Deutzerfeld	+	18.11.2008	Dortmund Bbf	
110 483-5	1968	Dortmund Bbf			Stuttgart	
110 484-3	1968	Dortmund Bbf	z	20.08.2009	Stuttgart	
110 485-0			+	22.07.2008	Braunschweig	
110 486-8			+	12.09.2011	Dortmund Bbf	
110 487-6					Dortmund Bbf	
110 488-4			z	25.02.2011	Dortmund Bbf	
110 489-2					Dortmund Bbf	
110 490-0			+	01.2012	Dortmund Bbf	
110 491-8					Dortmund Bbf	
110 492-6			+	04.03.2008	Dortmund Bbf	
110 493-4					Dortmund Bbf	
110 494-2			+	09.09.2011	Dortmund Bbf	
110 495-9			+	21.12.2010	Braunschweig	
110 496-7			+	11.06.2008	Dortmund Bbf	
110 497-5					Dortmund Bbf	
110 498-3			+	24.09.2007	Stuttgart	
110 499-1			+	12.03.2007	Frankfurt 1	
110 500-6			+	31.05.2011	Braunschweig	
110 501-4			+	30.10.2009	Dortmund Bbf	
110 502-2			+	03.09.2007	Stuttgart	
110 503-0			+	26.08.2009	Stuttgart	
110 504-8			+	18.01.2011	Dortmund Bbf	
110 505-5	1968	Köln-Deutzerfeld	+	09.09.2010	Braunschweig	
110 506-3	1968	Köln-Deutzerfeld	+	22.11.2010	Braunschweig	
110 507-1	1969	Köln-Deutzerfeld	+	31.05.2011	Braunschweig	
110 508-9	1969	Köln-Deutzerfeld	z	10.06.2005	Stuttgart	
110 509-7	1969	Hamburg-Eidelstedt	U	10.12.2005		115 509-2
110 510-5	1969	Hamburg-Eidelstedt	+	20.10.2008	Dortmund Bbf	

Nummer	Abnahmejahr	erstes Bw		Datum	letzte Bw	Verbleib
110 511-3				15.12.2000		ex 139 134-1, DB Fahrzeuginstand-Hannoverltung GmbH - Werk Dessau
112 265-4	1962	Heidelberg	U	01.01.1991		113 265-3
112 266-2	1962	Heidelberg	U	01.01.1991		113 266-1
112 267-0	1962	Heidelberg	U	01.01.1991		113 267-9
112 268-8	1963	Heidelberg	U	01.01.1991		113 268-7
112 269-5	1963	Heidelberg	U	01.01.1991		113 269-5
112 270-3	1963	Heidelberg	U	01.01.1991		113 270-3
112 308-2	1963	Nürnberg Hbf	U	01.01.1991		113 308-1
112 309-0	1963	Nürnberg Hbf	U	01.01.1991		113 309-9
112 310-8	1963	Nürnberg Hbf	U	01.01.1991		113 310-7
112 311-6	1964	Nürnberg Hbf	U	01.01.1991		113 311-5
112 312-4	1964	Nürnberg Hbf	U	01.01.1991		113 312-3
112 485-8	1968	Frankfurt (Main) 1	U	01.01.1988		114 485-6
112 486-6	1968	Heidelberg	U	01.01.1988		114 486-4
112 487-4	1968	Heidelberg	U	01.01.1988		114 487-2
112 488-2	1968	Frankfurt (Main) 1	U	01.01.1988		114 488-0
112 489-0	1968	Frankfurt (Main) 1	U	01.01.1988		114 489-8
112 490-8	1968	Frankfurt (Main) 1	U	01.01.1988		114 490-6
112 491-6	1968	Frankfurt (Main) 1	U	01.01.1988		114 491-4
112 492-4	1968	Frankfurt (Main) 1	U	01.01.1988		114 492-2
112 493-2	1968	Frankfurt (Main) 1	U	01.01.1988		114 493-0
112 494-0	1968	Frankfurt (Main) 1	U	01.01.1988		114 494-8
112 495-7	1968	Frankfurt (Main) 1	U	01.01.1988		114 495-5
112 496-5	1968	Frankfurt (Main) 1	U	01.01.1988		114 496-3
112 497-3	1968	Frankfurt (Main) 1	U	01.01.1988		114 497-1
112 498-1	1968	Frankfurt (Main) 1	U	01.01.1988		114 498-9
112 499-9	1968	Frankfurt (Main) 1	U	01.01.1988		114 499-7

Nummer	Abnahmejahr	erstes Bw		Datum	letzte Bw	Verbleib
112 500-4	1968	Frankfurt (Main) 1	U	01.01.1988		114 500-2
112 501-2	1968	Frankfurt (Main) 1	U	01.01.1988		114 501-0
112 502-0	1968	Frankfurt (Main) 1	U	01.01.1988		114 502-8
112 503-8	1968	Frankfurt (Main) 1	U	01.01.1988		114 503-6
112 504-6	1968	Frankfurt (Main) 1	U	01.01.1988		114 504-4
113 265-3			+	24.10.2002	München Hbf	
113 266-1			+	30.04.2001	München Hbf	
113 267-9					Berlin-Rummelsburg	
113 268-7					Berlin-Rummelsburg	
113 269-5			+	15.01.2003	München Hbf	
113 270-3			+	15.04.2004	München Hbf	
113 308-1			+	23.12.2004	München Hbf	
113 309-9					Berlin-Rummelsburg	
113 310-7			+	10.04.2000	München Hbf	
113 311-5			+	08.02.2004	München Hbf	DB-Museum
113 312-3			+	10.09.2003	München Hbf	
114 485-6			U	05.05.1993		110 485-0
114 486-4			U	22.06.1993		110 486-8
114 487-2			U	04.05.1994		110 487-6
114 488-0			U	29.12.1993		110 488-4
114 489-8			U	06.07.1994		110 489-2
114 490-6			U	03.09.1993		110 490-0
114 491-4			U	15.09.1994		110 491-8
114 492-2			U	20.12.1994		110 492-6
114 493-0			U	21.02.1995		110 493-4
114 494-8			U	17.07.1991		110 494-2
114 495-5			U	30.03.1995		110 495-9
114 496-3			U	06.02.1995		110 496-7

Nummer	Abnahmejahr	erstes Bw		Datum	letzte Bw	Verbleib
114 497-1			U	16.01.1995		110 497-5
114 498-9			U	19.12.1994		110 498-3
114 499-7			U	13.01.1995		110 499-1
114 500-2			U	24.06.1993		110 500-6
114 501-0			U	02.12.1994		110 501-4
114 502-8			U	01.07.1994		110 502-2
114 503-6			U	18.04.1994		110 503-0
114 504-4			U	04.11.1994		110 504-8
115 114-1					Berlin-Rummelsburg	
115 116-6			z	24.04.2008	Berlin-Rummelsburg	
115 148-9			z	05.06.2008	Berlin-Rummelsburg	
115 152-1			z	23.06.2009	Berlin-Rummelsburg	
115 154-2			+	__.10.2011	Berlin-Rummelsburg	
115 156-2			+	23.07.2008	Berlin-Rummelsburg	
115 159-6			z	23.06.2009	Berlin-Rummelsburg	
115 166-1			z	18.11.2010	Berlin-Rummelsburg	
115 178-1			z	24.04.2008	Berlin-Rummelsburg	
115 198-4					Berlin-Rummelsburg	
115 205-7					Berlin-Rummelsburg	
115 209-9			z	01.03.2010	Berlin-Rummelsburg	
115 211-5			+	11.10.2011	Berlin-Rummelsburg	
115 224-8			z	16.05.2008	Berlin-Rummelsburg	
115 230-5			z	19.05.2008	Berlin-Rummelsburg	
115 261-0			z		Berlin-Rummelsburg	
115 278-4					Berlin-Rummelsburg	
115 293-3					Berlin-Rummelsburg	
115 302-2			+	11.10.2011	Berlin-Rummelsburg	
115 307-1			z	02.09.2009	Berlin-Rummelsburg	
115 318-8			z	01.01.2006	Berlin-Rummelsburg	

Nummer	Abnahmejahr	erstes Bw		Datum	letzte Bw	Verbleib
115 323-8			+	10.2011	Berlin-Rummelsburg	
115 327-9			+	11.10.2011	Berlin-Rummelsburg	
115 331-1			+	10.2011	Berlin-Rummelsburg	
115 332-9			z	25.10.2010	Berlin-Rummelsburg	
115 336-0			+	11.10.2011	Berlin-Rummelsburg	
115 346-9					Berlin-Rummelsburg	
115 350-1					Berlin-Rummelsburg	
115 355-0			z	19.01.2010	Berlin-Rummelsburg	
115 376-6			+	11.10.2011	Berlin-Rummelsburg	
115 383-2					Berlin-Rummelsburg	
115 448-3					Berlin-Rummelsburg	
115 459-0					Berlin-Rummelsburg	
115 509-2					Berlin-Rummelsburg	
139 122-6			z	20.04.2009	Nürnberg	
139 134-1			U	19.04.1985		110 511-3
139 139-0			+	04.04.2003	Nürnberg	
139 145-7			+	09.08.2010	Nürnberg	
139 157-2			+	09.08.2010	Nürnberg	
139 172-1			z	22.12.2008	Nürnberg	
139 177-0				14.12.2004		Lokomotion Gesellschaft für Schienentraktion mbH
139 213-3				24.08.2007		Lokomotion Gesellschaft für Schienentraktion mbH
139 214-1			+	15.05.2006	Nürnberg	
139 222-4					Nürnberg	
139 246-3					Nürnberg	
139 250-5			+	22.09.2010	Nürnberg	

Nummer	Abnahmejahr	erstes Bw		Datum	letzte Bw	Verbleib
139 255-4			+	22.09.2010	Nürnberg	
139 260-4				18.07.2007		Lokomotion Gesellschaft für Schienentraktion mbH
139 262-0					Nürnberg	
139 264-6			+	09.08.2010	Nürnberg	
139 283-6			z	02.04.2009	Nürnberg	
139 285-1						Eisenbahngesellschaft Potsdam mbH (EGP)
139 287-7				07.10.2011		BayernBahn GmbH, D-Nördlingen
751 001-9			U	31.10.1997		110 385-2

Hinter 139 222 verbirgt sich 110 222. Am 21. Januar 2012 zieht die zur Güterzuglok umgebaute Maschine einen Zug des kombinierten Ladungsverkehrs durch Unterfahlheim in Richtung Ulm. *Foto: Th. Estler*

8.

Technische Daten der Baureihe E 10

115 von DB Autozug bringt am Neujahrstag 2012 den IC 280 nach Stuttgart. Die Aufnahmen entstand im Dachswald bei Stuttgart-Heslach.
Foto: D. Pfitzenmaier

Technische Daten der Baureihe E 10

Lok		E 10 001	E 10 002	E 10 003	E 10 004/005	E 10.1	E 10.3	E 10.12
	km/h	130	130	130	130	150	150	160
LüP	mm	16.100	16.650	15.900	15.900	16.440	16.440	16.440
Dienst-masse	t	83,3	82,1	80,3	80,0	84,6	84,6	86
Achslast	t	20,75	20,5	20	20	21	21	21
Raddurchm	mm	1.350	1.250	1.250	1.250	1.250	1.250	1.250
Nennlei-stung	kW	3.800	3.280	3.800	3.440	3.700	3.700	3.700
Dauerlei-stung	kW	3.680	3.020	3.600	3.280	3.620	3.620	3.620
Motor		EKB895	ELM983s	WB 358/22	EKB895	WB 372-22	WB 372-22	WB 372-22

Kastenvarianten

E 10 101 bis 215	eckiger Kasten, einfache Stirnlampen (weiß und rot in einem Gehäuse), Originallüfter mit waagerechten Rippen
E 10 216 bis 238, 239 bis 244, 271 bis 287	eckiger Kasten, doppelte Stirnlampen (weiß und rot in getrennten Gehäusen), Originallüfter mit senkrechten Rippen
E 10 265 bis 270, 288 bis 510	Windschnittiger »Büffelfalten«-Kasten, doppelte Stirnlampen, Originallüfter als durchgehendes Lüfterband
110 107 und 110 271 wurden nach Unfällen mit »Bügelfalten«-Kasten und Verschleißpufferbohle wieder aufgebaut. 110 343 ist eine echte »Bügelfalten«-E 10 mit Verschleißpufferbohle.	

Zum Weiterlesen aus dem Verlag transpress

»Jimmo« und »Schorsch«

Dies ist die Geschichte zweier Einzelstücke: der formschönen Schnellzugdampflokomotive 18 201 und der »getunten« 18 314. Lothar Weber präsentiert in diesem Band die Geschichte und Technik beider Kultloks. Einzigartige Bilder runden dieses Werk ab.

128 Seiten, Format 170 x 210 mm
ISBN 978-3-613-71427-4
€ 12,95/sFr 18,20/ € (A) 13,40

Die dicke Babelsbergerin

Die Baureihe V 180 genießt Kultstatus und ist für viele Eisenbahnfreunde heute der Inbegriff der DDR-Diesellok. Dieser erste Band der neuen Reihe »Lok-Legenden« erinnert an die liebevoll »dicke Babelsbergerin« genannte Lokomotive, die das Bild der DDR-Reichsbahn entscheidend mitprägte.

128 Seiten, Format 170 x 210 mm
ISBN 978-3-613-71406-9
€ 12,95/sFr 18,20/€(A) 13,40

www.transpress.de
Service-Hotline: 01805/00 41 55*
*0,14€/Min. aus d. dt. Festnetz, max. 0,42€/Min. aus Mobilfunknetzen

Stand Februar 2012

Änderungen in Preis und Lieferfähigkeit vorbehalten.